业院校新形态通识教育系列教材

职业素养与能力

礼仪 沟通 写作

微课版

王用源 俞秀梅 付安莉／编著

人民邮电出版社
北京

图书在版编目（CIP）数据

职业素养与能力 ： 礼仪·沟通·写作 ： 微课版 / 王用源，俞秀梅，付安莉编著. -- 北京 ： 人民邮电出版社，2023.4
职业院校新形态通识教育系列教材
ISBN 978-7-115-61203-8

Ⅰ. ①职… Ⅱ. ①王… ②俞… ③付… Ⅲ. ①职业道德一高等职业教育一教材 Ⅳ. ①B822.9

中国国家版本馆CIP数据核字(2023)第028158号

内 容 提 要

本书围绕大学生进入职场后所需要的素质、能力以及未来职业发展面临的需求组织内容，系统介绍与职场礼仪、职场沟通和职场写作相关的基本理论和技能。全书分为上下两篇，共 8 个项目，每个项目包括 3 个专题。上篇“职场准备”具体包括礼仪、沟通与写作概说，培养职业基本素养，培养职场基本功，培养就业竞争力；下篇“职业发展”以培养执行力、组织力、胜任力、领导力为主要内容，全方位、多角度地介绍了职场中常见的任务情景及其处理技巧。本书内容翔实，突出系统性和实践性。

本书可以作为职业院校素质教育或通识教育类课程，如社交礼仪、沟通表达、应用文写作等课程的教材，也可以作为想要提升个人能力的读者进行自学和训练的参考书。

◆ 编　　著　王用源　俞秀梅　付安莉
责任编辑　楼雪樵
责任印制　王　郁　彭志环
◆ 人民邮电出版社出版发行　　北京市丰台区成寿寺路 11 号
邮编　100164　　电子邮件　315@ptpress.com.cn
网址　https://www.ptpress.com.cn
北京鑫丰华彩印有限公司印刷
◆ 开本：787×1092　1/16
印张：11.75　　2023 年 4 月第 1 版
字数：269 千字　　2024 年 12 月北京第 3 次印刷

定价：54.00 元

读者服务热线：(010)81055256　印装质量热线：(010)81055316
反盗版热线：(010)81055315
广告经营许可证：京东市监广登字 20170147 号

前言

人才是第一资源。党的二十大报告指出："教育、科技、人才是全面建设社会主义现代化国家的基础性、战略性支撑。"高校肩负着人才培养的重要使命，要培养造就大批德才兼备的高素质人才。党的二十大报告提出要"发展素质教育"，通识教育是落实素质教育的重要途径。

本书以大学生成长历程为线索，紧扣个人职业发展不同阶段的需求，全面系统地介绍了职场礼仪、职场沟通和职场写作的基础知识和基本技巧。

职场礼仪素养包括个人形象塑造能力和礼仪应用能力，是指运用规范的礼仪知识和实用的礼仪技巧进行职场人际交往的能力。学习职场礼仪能提高个人素养，构建良好的人际关系，拥有良好的职场礼仪也是新时代职场中的社交需求。

职场沟通能力包括语言沟通能力和非语言沟通能力，是个人日常学习生活和毕业求职时所需的核心能力，也是职场生存与发展所必备的技能。

职场写作能力是指通过书面语言表情达意时运用字、词、句、段、篇章的能力，是人们表达思想、传递信息、交换意见时所需要的重要技能，也是一个人综合素质的体现。

下面就本书的编写目的、编写体例和教学建议进行说明。

一、编写目的

目前，高等教育和职业教育都积极倡导通识教育，注重通专融合，职场礼仪、沟通与写作的教学逐渐成为素质教育和综合能力培养的一个重要环节。

本书旨在为职业院校通识性课程提供教材支撑，以取材的广泛性、选例的针对性、内容的趣味性、体例的科学性为编写原则，帮助读者了解职场礼仪、沟通和写作的相关知识，让读者掌握必备技能，提升职业素养。此外，本书合理融入思政元素与中华传统文化元素，帮助读者在拓宽知识面的同时，提高品德修养，培养家国情怀。

二、编写体例

通过观察日常生活和工作的不同场景，我们认为礼仪、沟通和写作是相辅相成的。如何将礼仪、沟通和写作很好地融合在一起，本书做了一些尝试，也是对以往教学实践和教学效果的反思。

基于成长的现实需求和未来职业的发展需求，本书设计了8个项目，每个项目设置了相关的礼仪任务、沟通任务和写作任务。在体例编排上，每个项目创设情景，并提出各项任务的学习目标和要求，针对不同情景下所涉及的礼仪任务、沟通任务和写作任务进行相关理论知识的讲解。

在礼仪任务中，本书展现了不同情景下的礼仪要求，讲解规范的礼仪知识在职场中的运用，使读者能够在校园和职场树立良好的个人形象，掌握良好的礼仪沟通技巧，以便更好地融入环境。

在沟通任务中，本书主要讲解了不同沟通环境中所需的语言表达能力和非语言表达能力，帮助读者建立良好的沟通意识，掌握沟通理论，应用沟通技巧进行有效沟通。

在写作任务中，本书根据人才培养和职业发展需求，精选常用应用文文种进行理论讲解和案例分析，向读者呈现不同文种的基本写法和写作要求，编制不同应用文的格式模板，以便读者快速入门。

三、教学建议

本书按18个教学周设计课时，不同学校和不同专业可以根据自身需求进行取舍。本书各项目的课时安排建议如下。

周次	项目	教学内容	课时
第1周	项目一 礼仪、沟通与写作概说（一）	课程导学 专题一　职场礼仪	2
第2周	项目一 礼仪、沟通与写作概说（二）	专题二　职场沟通 专题三　职场写作	2
第3周	项目二 培养职业基本素养（一）	专题一　个人形象礼仪 专题二　沟通自我认知	2
第4周	项目二 培养职业基本素养（二）	专题三　事务文书写作	2

续表

周次	项目	教学内容	课时
第5周	项目三 培养职场基本功（一）	专题一　交际礼仪 专题二　日常沟通技巧	2
第6周	项目三 培养职场基本功（二）	专题三　新闻与简报写作	2
第7周	项目四 培养就业竞争力（一）	专题一　求职礼仪 专题二　求职面试	2
第8周	项目四 培养就业竞争力（二）	专题三　求职文书写作	2
第9周	上篇　职场准备实训	实训活动	2
第10周	项目五 培养执行力（一）	专题一　通信礼仪 专题二　执行与沟通	2
第11周	项目五 培养执行力（二）	专题三　党政机关公文写作	2
第12周	项目六 培养组织力（一）	专题一　会务礼仪 专题二　会议组织与沟通	2
第13周	项目六 培养组织力（二）	专题三　会议材料写作	2
第14周	项目七 培养胜任力（一）	专题一　谈判礼仪 专题二　沟通与洽谈	2
第15周	项目七 培养胜任力（二）	专题三　财经文书写作	2
第16周	项目八 培养领导力（一）	专题一　演讲礼仪 专题二　领导与沟通	2
第17周	项目八 培养领导力（二）	专题三　管理文书写作	2
第18周	下篇　职业发展实训	实训活动	2

本书由王用源、俞秀梅、付安莉共同编著。俞秀梅负责礼仪专题的编写（每个项目的专题一），付安莉负责沟通专题的编写（每个项目的专题二），王用源负责写作专题的编写（每个项目的专题三）。

为了拓展本书的内涵，我们以电子资源的形式提供拓展资料。读者可以登录人邮教育社区（www.ryjiaoyu.com）下载本书的相关资源，包括配套的教学大纲、PPT课件、教学参考资料等，相关资源将持续更新。

在本书的编写过程中，我们参考了大量资料，引用了一些网站和微信公众号发布的材料，在此向在本书中直接引用和参考的教材、专著、文章、案例的作者致以诚挚的谢意！本书定有诸多疏漏和不足之处，恳请各位同行专家和广大读者批评指正。

编 者

2023年1月

目录

目录

目录

上篇

职场准备

项目一
礼仪、沟通与写作概说

专题一　职场礼仪

任务与目标

本专题的任务是把握礼仪文化内涵，理解礼仪的基本原则，并将其运用到职场中。

通过本专题的学习，我们要：

（1）掌握礼仪的基本内涵；

（2）了解礼仪的起源与发展；

（3）认识职场礼仪的重要性。

案例导入

一天，正是上班的交通高峰时期，一辆载有不少乘客的电车缓缓地停靠在站台上，一位女士登上了电车，她穿着合体的套装，拎着一只小小的漆皮包，在车里走了一步，便犹豫地站住了，因为乘客很多，已经没有空座位了。一位先生见状，便客气地站起来对她说："请坐这儿吧。"这位女士走上前，看也没看他一眼，就一声不吭地坐下了。让座的先生很诧异，周围的乘客也对她这种不礼貌的行为感到不满。

这位先生站在她的身边，想了一下，俯身问她："女士，您刚才说了什么？我没有听清楚。"那位女士抬头看看他，觉得很奇怪："我什么也没有说呀。""哦，对不起，女士。"那位先生淡淡地说，"我还以为您在说谢谢呢。"车里的其他乘客都笑了起来，那位不讲礼貌的女士在众人的笑声中羞得满脸通红。

想一想：这则礼仪故事中，这位女士的行为有何不礼貌之处？生活中，我们还有哪些需要注意的礼仪呢？

一、什么是礼仪

（一）礼仪的基本内涵

1. 礼

礼是表示敬意的通称，是表示尊敬的言语或动作，是人们在长期的生活实践与交往中约定俗成的行为规范。

我国有“有礼走遍天下，无礼寸步难行”的古训。在古代，礼是社会的典章制度和道德规范。作为典章制度，礼是社会政治制度的体现，是维护上层建筑以及与之相适应的人与人交往中的礼节仪式；作为道德规范，礼是国家领导者和贵族等群体一切行为的标准和要求。在现代，礼的含义比较广泛，它既可指为表示敬意而隆重举行的仪式，也可泛指社会交往中的礼貌和礼节。

2. 礼貌

礼貌是一个人的思想道德水平、文化修养、交际能力的外在表现，是人类为维系社会正常秩序而共同遵守的最起码的道德规范。

礼貌的出现帮助人们解决了很多问题。如频繁使用“请”字，会使话语变得委婉而礼貌，是比较自然地把自己的位置降低，使对方感觉到被尊重的办法。

3. 礼节

礼节指人们在日常生活中，特别是在交际场合中，相互表示尊重、致以问候、致意、祝愿、慰问以及给予必要的协助与照料的惯用形式。在春节，带着礼物走亲访友就是一种礼节。

礼节是礼貌的具体表现形式，是人内在品质的外化。有礼貌、尊重他人正是通过礼节表现出来的。如尊重师长，可以通过见到长辈和教师问安行礼的礼节表现出来；欢迎他人到来可以通过见到客人起立、主动上前握手等礼节来表示；得到别人的帮助后可以通过说声“谢谢”来表示感激的心情。

4. 礼仪

礼仪是在社会交往中形成的既为人们所认同，又为人们所遵守的各种符合交往要求的行为准则和规范的总和。

礼仪并没有高深的学问，也没有非常深刻的理论，但和我们的生活息息相关，体现在生活中的每一个细节，特别是我们的言行举止上。

（二）礼仪的基本原则

在工作场合中，要运用好礼仪，发挥礼仪应有的效应，创造最佳的人际关系状态，就必须遵守礼仪的基本原则。

1. 真诚尊重原则

真诚尊重是礼仪的首要原则。只有真诚待人才是尊重他人，只有尊重他人方能创造和谐愉快的人际关系，真诚和尊重是相辅相成的。

在人际交往中，待人真诚、表里如一的人特别具有亲和力，很容易得到别人的信任；而虚情假意、口是心非的人，即使在礼貌、礼节方面做得无可挑剔，仍然会让人感到不快，最终使得正常的交往难以继续。同时，与人交往应从友善的愿望出发，不可心存恶意或无端猜忌他人，不可盛气凌人，自视高人一等。“尊重，还是贬低”是人际交往中最敏感的问题。从友善的愿望出发，以诚相待，才能赢得别人的信赖和尊重，保证交往的顺利与成功。

2. 平等适度原则

无论是公务还是私交，人与人都没有高低贵贱之分，要以平等的身份进行交往。切忌因工作时间短、经验不足、经济条件差而自卑，也不要因为自己的某些优势而趾高气扬，否则会影响人际关系的顺利发展。

适度就是把握分寸。无论做什么事情，都要把握分寸、认真得体、不卑不亢、热情大方，有理、有利、有节，避免过犹不及。礼仪无论是表示尊敬还是热情，都有一个“度”的问题，如果没有“度”，施礼就可能进入误区。

3. 和谐相融原则

“十里不同风，百里不同俗”“到什么山唱什么歌”，这些俗语都说明了尊重各地不同风俗与禁忌的重要性。世界上每个民族、每个地区都有自己独特的风俗禁忌，我们应当理解它们、尊重它们，不违反这些风俗、不触碰禁忌，这样才能够在交往过程中得心应手，营造和谐相融的相处氛围。

二、礼仪的起源与发展

（一）礼仪的起源

礼仪作为人际交往中重要的行为规范，不是随意凭空臆造的。礼仪的起源主要来自4个方面。

1. 对天地、神灵、祖先的信仰与敬畏

原始社会，人们处在变幻莫测的大自然中，无法解释千变万化的自然现象和突如其来的自然灾害，认为天地、神灵是主宰这一切的力量。所以他们会进行一些祭祀活动，以表示对天地、神灵、祖先的敬畏：祭祈天地、神灵，以求风调雨顺；祈祷祖先显灵，保佑后人；等等。为祈祷而举行的仪式就成了古代礼仪的萌芽，因此有了“礼立于敬而源于祭”的说法。

2. 对家庭成员言行的规范

父母要抚养、关爱、教育孩子；成年人要赡养、照顾父母；兄弟姐妹之间要互相关爱。舜尧时代就对家庭成员之间的关系做了明确规定：父义、母慈、兄友、弟恭、子孝，称为“五礼”。人们通过礼仪对家庭成员的言行举止进行了规范。

3. 人们交往沟通的需要

在社会活动中，人们逐渐形成了最初级、最原始的礼仪。如在原始的狩猎、耕种和部落之间的争斗中，人们用肢体语言等来表达他们的想法，互相配合，用击掌、拍手、拥抱等方式表示收获的喜悦。这种相互的呼应与模仿逐步形成一种习俗，便成了最初的礼仪。

4. 维系等级差别的需要

随着社会的发展，生产分工越来越细，就出现了领导者和被领导者，就出现了尊卑有序、男女有别等。大家坐在一起时，就有了一定的座次。通过不断增加新的内容，礼仪也越来越丰富，从而为等级差别的维系提供了更多条件。

（二）礼仪的发展

我国礼仪的发展大致可分为以下几个阶段。

1. 礼仪的萌芽阶段

礼仪的萌芽阶段约在夏朝以前。这一时期在社会生活中已经形成了一系列对后世颇具影响的礼仪规范，原始的政治礼仪、宗教礼仪、婚姻礼仪等在这个时期均产生了雏形，尤以宗教礼仪更为突出。

2. 礼仪的变革阶段

礼仪的变革阶段约为春秋战国时期。这一时期是我国从奴隶制向封建制转变的过渡时期。学术界百家争鸣，以孔子、孟子为代表的儒家学者系统地阐述了礼的内涵。孔子把“礼”作为治国安邦的基础，他主张“为国以礼”“克己复礼”，并积极倡导人们“约之以礼”，做“文质彬彬”的君子。孟子也重视“礼”，并把仁、义、礼、智作为基本道德规范，他还认为“辞让之心”和“恭敬之心”是礼的发端和核心。

3. 礼仪的强化阶段

礼仪的强化阶段约为秦朝到清末。封建社会的礼仪习俗有了新的变化，礼仪规则分化为与国家政治息息相关的礼仪制度和社会交往中应遵守的行为规范两个部分。汉朝，董仲舒提出“三纲五常”学说。宋朝，礼仪的发展有两个特点：一是程朱理学的出现，二是礼仪迅速向家庭扩延。到了明朝，礼仪在理论上虽然没有发展，但名目增多，形式也更加完善，如家礼的名目有忠、贞、节、烈、孝，此外，君臣之礼、尊卑之礼、交友之礼等更加明确。

4. 现代礼仪阶段

现代礼仪阶段约从中华民国初期到新中国成立前。辛亥革命为西方资产阶级革命的理性思想传入中国提供了平台，改变了封建落后的政治体制，人们的生活风貌、风俗礼仪也随之发生了深刻的变化。落后的礼仪规范、制度逐渐被时代抛弃，随着科学、民主、自由、平等的观念逐渐深入人心，新的礼仪范式开始建立，如普及教育、废除祭礼读经、改易陋习等。

5. 当代礼仪阶段

当代礼仪阶段从新中国成立至今。新中国成立后，以合作互助和男女平等为基础的新型人际关系、社会关系得到确立，优良的民族传统、良好的礼仪习俗则得到继承和发扬。改革开放的大潮使礼仪获得了新的生命，中国的礼仪建设有了更广阔的发展天地。

三、职场礼仪概述

案例导入

小张是某公司的员工，某天正好去财务部窗口领工资。在等候的时候，他随手把手中捏着的一张无法报销的票据揉成团扔在了地上。其他部门的同事看见了，心里说：“××部门的那个人素质真差！”恰巧此时有位客户来财务部交定金，他看到小张把纸团扔在地上，心里想：“这个公司的员工如此行事，他们做的东西质量会好吗？售后服务会有保障吗？还是先别交定金了吧，回去再斟酌斟酌！”生产部经理陪着几位外商参观公司，正好路过这里，地上的纸团没有逃过大家的眼睛，结果外商指着那个纸团问老板：“做出这种事的员工，能做出符合质量要求的产品吗？”就这样，本来不费吹灰之力便能扔到垃圾桶里的一小团废纸，导致公司失去了数百万元的订单。

想一想：为什么员工小小的行为会给公司造成这么大的损失？

（一）职场礼仪的概念

职场礼仪是指人们在职业场所中应当遵循的一系列礼仪规范。掌握这些礼仪规范，将使一个人的职业形象大为提升。职业形象包括内在和外在两个方面，而每一个职场人都需要树立塑造并维护自我职业形象的意识。

（二）职场礼仪的重要性

职场礼仪是提升个人素质和单位形象的必要条件，是立身处世的根本，是人际关系的润滑剂，是现代职场竞争的附加值。职场礼仪的重要性主要体现在以下几个方面。

1. **规范行为**

礼仪最基本的功能就是规范各种行为。在职场中，如果不遵循一定的规范，双方就缺乏协作的基础。在众多的职场规范中，礼仪规范可以使人明白应该怎样做，不应该怎样做，哪些可以做，哪些不可以做，从而有利于确定自我形象，尊重他人，赢得友谊。

2. **传递信息**

礼仪是一种信息载体，人们通过这种载体可以传达尊敬、友善、真诚等信息，使他人感到温暖。在职场中，恰当的礼仪可以获得对方的好感、信任，进而有助于事业的发展。

3. **增进感情**

在职场中，随着交往的深入，双方可能都会产生一定的情绪体验。它表现为两种情感状态：一种是感情共鸣，另一种是情感排斥。礼仪容易使双方互相吸引，增进感情，使良好的人际关系得以建立和发展。

4. **树立形象**

一个人讲究礼仪，就会在众人面前树立良好的个人形象；一个组织的成员讲究礼仪，就会为自己的组织树立良好的形象，赢得公众的赞赏。现代市场竞争除了产品竞争外，更体现在形象竞争上。一个具有良好信誉和形象的公司或企业，更容易获得社会各方的信任和支持，更易在激烈的竞争中处于不败之地。

礼仪实践

请收集一则礼仪小故事，与同学们交流。

专题二　职场沟通

任务与目标

职场沟通能力是大学毕业生求职就业所需的重要核心能力，是职场生存与发展所必备的技能。相关调查显示，超过85%的人事经理认为，职场中最重要和最有价值的技能就是沟通技能。

通过本专题的学习，我们要：

（1）理解沟通的含义，培养沟通认知理念；

（2）了解沟通的种类，学会选择适宜的沟通方式；

（3）认识职场沟通的重要性，培养主动沟通的意识。

一、什么是沟通

（一）沟通的含义

沟通指社会中人与人、人与群体之间思想、感情、态度等信息的传递、理解和反馈过程。

沟通是建立人际关系的手段，是发展人际关系的前提，是形成和谐人际关系的根本途径。

（二）沟通的一般过程

沟通不是“只说给对方听”或者“只听对方说”的信息单向传递过程，而是一种信息双向传递、互相影响的行为。在沟通的过程中，信息发送者有意识地将信息通过一定的渠道传递给另一方，信息接收者进行信息的理解、接收、反馈，信息发送者解码反馈，完成信息的交换。

沟通的过程一般分为7步：第一步，发送者传递信息；第二步，发送者进行信息编码以保证信息被接收者理解；第三步，信息通过某种渠道传递给接收者；第四步，接收者接收信息；第五步，接收者将接收到的信息解码；第六步，接收者将信息反馈编码传递给发送者；第七步，发送者对接收者的信息反馈进行解码。

扫码看资料

沟通过程图

（三）沟通的基本要素

沟通包括以下几个基本要素。

1. 发送者

发送者即发出信息的个人或组织，负责信息的收集、加工、传递、处理、反馈和解码。

2. 接收者

接收者即接收信息的个人或组织，负责接收信息并做出反馈。

3. 信息

信息包括发送者所发送的内容和接收者所接收的内容，多由语言和非语言符号组成。

4. 渠道

渠道指传递信息的载体和手段，常见的信息传递渠道有听觉（如广播、口头语言等）、视觉（报刊、视频等）和触觉（握手、拥抱等）。

5. 编码

编码是发送者以接收者可以识别和理解的方式组织信息、表达信息的过程。常见的信息表达方式有语言、文字、图形、动作和表情等。

6. 解码

解码是接收者将接收到的信息翻译转化成可以理解的内容的过程。

7. 反馈

反馈是接收者将接收到的信息解码后重新编码，向发送者传递自身反应的过程。反馈使沟通成为一个双向传递的闭合循环。

8. 沟通环境

沟通环境是指沟通时周围的环境和条件，既包括与个体间接联系的社会整体环境（政治制度、经济制度、政治观点、道德风尚、群体结构），又包括与个体直接联系的区域环境（学习、工作、单位或家庭等），以及对个体直接施加影响的社会情境及小型的人际群落等。

9. 沟通噪声

沟通噪声是沟通过程中存在的干扰和扭曲信息传递的因素，它使得沟通的效率大为降低，应尽量避免。

二、有效沟通

（一）有效沟通的含义

有效沟通是指沟通过程中信息发送者把信息成功地传递给接收者，接收者做出预期回应的整个过程。有效性的判断标准为信息接收者对信息的理解与信息发送者的意图一致。

（二）乔哈里视窗理论

乔哈里视窗理论提供了有效沟通的技巧：将人际沟通的信息比作一扇窗户，根据“自己知道—自己不知”和“他人知道—他人不知”这两个维度，沟通信息分为4个区域：公开区、隐藏区、盲点区、未知区。有效沟通就是这4个区域的有机融合，每个区域都有针对性的沟通技巧，如图1-1所示。

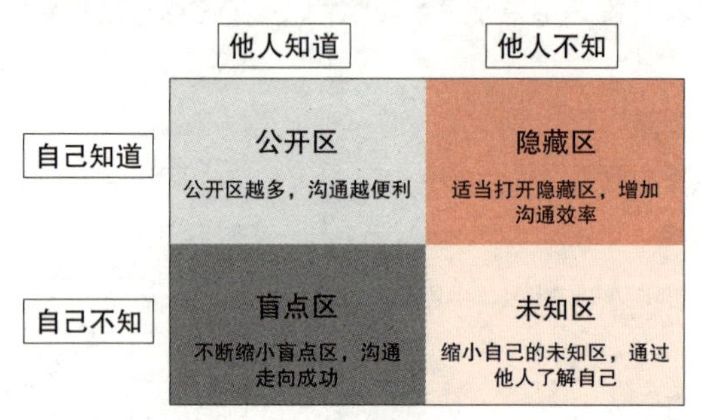

图1-1　乔哈里视窗理论示意图

（三）有效沟通的原则

美国著名的公共关系专家特立普、森特在他们合著的《有效的公共关系》一书中，提出了有效沟通的“7C原则”。

（1）可信赖性（Credibility），即建立对传播者的信赖。

（2）一致性（Context），指传播须与环境（物质、社会、心理、时间的环境等）相协调。

（3）内容的可接受性（Content），指传播内容须与受众有关，必须能引起他们的兴趣，满足他们的需要。

（4）表达的明确性（Clarity），指信息的组织形式应该简洁明了，易为受众接受。

（5）渠道的多样性（Channels），指应该有针对性地运用传播媒介以达到向受众传播信息的目的。

（6）持续性与连贯性（Continuity and Consistency），这是说沟通是一个没有终点的过程，要达到渗透的目的，就必须对信息进行重复，但又须在重复中不断补充新的内容，这一过程应该持续下去。

（7）受众能力的差异性（Capability of Audience），这是说沟通必须考虑沟通对象的能力（包括注意能力、理解能力、接受能力和行为能力）的差异，采取不同方法实施传播，这样才能使信息易为不同受众所理解和接受。

三、沟通的种类

按照不同的分类标准，沟通有不同的种类。

（一）语言沟通与非语言沟通

根据信息载体的不同，沟通可以分为语言沟通与非语言沟通。

1. 语言沟通

语言沟通指的是以语言符号为载体进行的沟通，分为口头语言沟通和书面语言沟通。

（1）口头语言沟通，指借助口头语言所进行的信息传递与交流，是日常生活中最为常见的沟通方式。常见的口头语言沟通方式有交谈、讨论、开会等。

（2）书面语言沟通，指借助书面文字材料实现的沟通，是一种准确性、持久性较高的沟通方式。它使沟通摆脱了时间和空间的限制，具有重要的价值。

2. 非语言沟通

（1）非语言沟通的概念

非语言沟通指的是以表情、手势、眼神、触摸、空间、时间等非自然语言为载体所进行的信息传递活动。美国学者雷蒙德·罗斯认为，在人际沟通中，人们所得到的信息，只有35%是通过语言符号来传播的，而其余65%的信息是通过非语言符号来传达的。

一般说来，非语言沟通主要包括以下4种沟通信息：态度信息（表示友好或厌恶等），心理信息（表示是否自信等），情绪信息（表示情绪变化等），其他信息（反映个人偏好、权力地位等）。

（2）非语言沟通的种类

肢体语言，是指在一些特定场合，交际者不是使用口头语言或书面语言，而是通过身体的某种变化来表情达意的一种交际手段，包括面部表情、手势动作、姿态变化等。

副语言，是指不以人工创制的语言为符号，而以其他感官，诸如视觉、听觉、嗅觉、味觉、触觉等的感知为信息载体的符号系统，包括音质、音量、语速、语调等。

扫码看资料

美国人类学家霍尔对沟通时互动双方的空间区域划分

空间语言，是一种借助空间的传播符号，即利用空间距离表达信息。空间语言一般包括区域距离、空间位置和领域划分。

环境语言，是指借助文化本身所造成的生理及心理环境，表达一定的交际信息的方式，主要包括内部装潢、整洁度、光线、家具、摆放方式等。

时间语言，指借助时间安排来传递信息的方式，如收到一封信后是立即回信还是拖延几日再回信，表达的意图是不一样的。时间语言一般包括迟到或早退、让他人等候、对时间的不同理解等。

（二）正式沟通与非正式沟通

根据途径的不同，沟通可以分为正式沟通与非正式沟通。

1. 正式沟通

（1）正式沟通的概念

正式沟通指由组织内部明确的规章制度所规定的沟通方式，它和组织的结构息息相关，效果较好，有较强的约束力，但速度较慢，不利于组织成员的情感交流。一般重要的信息要采用正式沟通的方式。

（2）正式沟通的类别

按照信息流向的不同，正式沟通可以分为上行沟通、下行沟通和平行沟通。

上行沟通，指下级向上级报告工作情况、提出建议或意见，或表达自己的意愿等的沟通方式。常见的上行沟通渠道有意见箱、座谈会、谈心、定期汇报等。

下行沟通，指信息由组织层级的较高处流向较低处的沟通方式。有效的下行沟通可以传达命令、控制、指示、激励及评估，让员工了解公司政策并获得员工的信赖、支持。常见的下行沟通形式有管理政策宣示、任务指派、指示下达等。

平行沟通，是一种平级间进行沟通的方式，可以有效简化程序，提高工作效率；增进各个部门之间的了解，培养合作精神；提高员工的工作兴趣，改善其工作态度。但平行沟通的头绪过多，信息量大，易造成混乱。

（3）正式沟通的形态

美国著名组织行为学家、心理学家哈罗德·莱维特以5人小群体为研究对象，将正式沟通网络分为4种形态——链式沟通、环式沟通、Y式沟通、轮式沟通，之后又有学者在其基础上加入全通道式沟通形态，如表1-1所示。

表1-1　正式沟通网络的5种形态

沟通网络	含义	集中性	解决问题速度	信息准确度	领导明确性	成员满意度
链式沟通	又称直线型沟通，指从最初的发信者到最终的受信者，环环衔接，形成信息沟通的链条	适中	适中	高	适中	适中
环式沟通	又称圆周式沟通，组织成员之间依次联络沟通，使信息链首尾相连，形成封闭的信息沟通的环	低	慢	低	低	高
Y式沟通	是一个纵向沟通网络，其中只有一个成员位于沟通网络的中心，成为沟通的媒介。Y式沟通由链式沟通与环式沟通结合而成	较高	较快	较低	高	不一定

续表

沟通网络	含义	集中性	解决问题速度	信息准确度	领导明确性	成员满意度
轮式沟通	最初发信者直接将信息同步辐射式发送给最终的受信者。轮式沟通过程中有一个明显的主导者，凡信息的传送与回馈均需经过此主导者，且成员也要通过此主导者才能相互沟通	高	慢（任务繁）快（任务简）	高（任务简）低（任务繁）	很高	低
全通道式沟通	是所有成员之间都能进行相互的不受限制的信息传递的全方位开放式的沟通网络系统。其集中化程度低，成员地位差异小、士气足。成员可以直接、自由而充分地发表意见，有利于集思广益，提高沟通准确性，缺点是容易导致工作效率低	很低	慢	适中	很低	很高

2. 非正式沟通

（1）非正式沟通的概念

非正式沟通是指正式组织途径以外的信息流通程序，一般因组织成员在感情和动机上的需要而形成。当正式沟通渠道不畅通时，非正式沟通就会起到十分关键的作用。

与正式沟通相比，非正式沟通的信息传递速度更快、范围更广，但准确性比较低，有时候会对正式沟通产生较大的负面影响。

（2）非正式沟通的特点

心理学研究表明，非正式沟通的内容和形式往往是能够事先被人知道的。它具有以下几个特点：消息越新鲜，人们谈论得就越多；对人们工作有影响的人或事，最容易引起人们的谈论；最为人们所熟悉的，最容易为人们谈论；在工作中有关系的人，往往容易被牵扯到同一传闻中去；在工作上接触多的人，最可能被牵扯到同一传闻中去。

（三）跨文化沟通

1. 跨文化沟通的概念

跨文化沟通是不同文化背景的成员、群体及组织之间的沟通。因为地域等因素不同导致文化差异，所以跨文化沟通多发生在国际间，也可能发生在不同的文化群体之间。随着经济全球化的进一步深化，职场中的跨文化沟通场景愈发常见。

2. 跨文化沟通的特点

（1）双方文化共享性差

沟通双方各自文化中的认知体系、规范体系、社会组织、物质产品、语言符号与非语言符号系统的相同与不同混淆在一起，而不同之处又多于相同之处，当双方用不同的“编码本”对文化信息加以编码进行沟通时，就会产生障碍。

（2）各种文化差异程度不同

扫码看资料

文化差异的维度

文化管理学家霍夫斯坦把文化差异分为5个维度：权力距离、不确定性避免、个人主义与集体主义、男性度与女性度、长期取向与短期取向。

（3）无意识的先入为主

在跨文化沟通过程中，起初人们往往意识不到双方文化的某些差异，从而不自觉地以己方的文化标尺来衡量对方，以己方的文化背景知识来解释对方的文化现象。这种文化不自觉性常常会干扰跨文化沟通，尤其是在使用非语言行为的跨文化沟通场景中较为常见。

（4）误解、矛盾与冲突增多

在跨文化沟通中，由于语言、生活习惯、生产方式、宗教信仰、价值观念、思维方式、社会制度等的不同，往往出现一方文化主体对另一方文化现象产生心理上的排斥，甚至对抗与冲突。

3. 跨文化沟通的障碍

（1）自我文化中心主义

这种障碍出现的原因在于，与人沟通时习惯性地以自我的文化观念、价值观念、道德体系作为标准来看待沟通对象的行为。这种障碍通常会造成漠不关心沟通，如对对方的要求（如特殊的节假日不工作）不加理睬；回避沟通，如因不了解对方的文化礼仪而回避与对方的交流；蔑视沟通，如因不了解对方的宗教信仰而对他的行为进行无理干预与批评。

（2）文化霸权主义

在跨文化沟通时，沟通双方的地位往往不平等。处于优势的一方容易把自己的一套文化准则强加于劣势方，并强行要求对方遵循。处于劣势的一方往往会有文化自卑感，在沟通时消极应对。当然，劣势方也可能会有强烈的反叛意识，阻挠沟通的进程或者破坏双方建立的关系。

（3）刻板印象

刻板印象指一个群体成员对另一群体成员的简单化看法，认为某种特定文化的所有信息适用于这个文化群体的所有个人。如认为德国人刻板、韩国人喜欢吃泡菜等，在跨文化沟通实践中依据上述群体印象对沟通对象这一个体进行判断，就会形成刻板印象。

（4）文化价值观差异

虽然价值观是后天形成的，但在每一种文化中总有深藏的、普遍的价值观，这种价值观称为“文化价值观”。不同的文化价值观差异显著，如中国与美国的文化价值观差异主要表现在天人合一与物我二分、群体取向和个人取向、求稳与求变等方面。

4. 克服跨文化沟通障碍的措施

（1）培养跨文化意识

重视本民族文化，了解其态度、价值观、礼节、沟通方式。大学生要培养对中华文化的认同感，展现中华文化的魅力，做中华文化的传承者和传播者。

了解文化的差异性，保持开放、理智的心态，理解文化的不同方面和特色，学习当地的语言，保持宽容的态度，欣赏有价值的东西，不以自己的文化标准对他人品头论足，避免偏见或群体（民族）中心主义。

培养文化移情能力，客观地倾听，站在他人的角度理解和欣赏他人的情感，尽量用语言和非语言行为向对方表示尊重和理解，以建立有效交际的基础。

（2）提升跨文化沟通技巧

在语言沟通中，要注意口头交流和书面沟通的不同层面的不同作用。在与对方进行语言沟通时，要留出足够的停顿时间给对方和自己进行语言转换。此外，还要注意在沟通时不能先假设对方已经理解，反而应该先假设对方不能理解自己的意思，通过不断的反馈检查来评估对方对自己的话语的理解能力。

在非语言沟通中，要留意对方的肢体语言。我们可以观察对方的手势、面部表情等肢体语言来了解其意图；我们也要熟悉对方文化中的肢体语言。这一方面有助于运用肢体语言更好地表达我们的意思，消除语言沟通的障碍，另一方面可以避免出现有歧义的肢体语言，造成不必要的误会。

加强语言实践和文化体验，培养文化适应性，融合文化差异。大学生要积极组织和参加跨文化体验活动，注重“课内与课外结合，语言与文化链接”，通过语言实践和文化考察，感知全面、立体、真实的跨文化沟通场景，提升跨文化沟通能力。

四、沟通的重要性

马斯洛需求层次理论将人类需求从低到高分为5种，分别是生理需求、安全需求、社交需求、尊重需求和自我实现需求，沟通是这些需求得以满足的必要工具。

（一）沟通是维持身心健康的必备条件

沟通是人的基本生理需求。一项超过30万人参与的研究显示，那些与家长、朋友有着良好沟通关系的被试者，其寿命要比社交孤立者平均长3.7年；相比拥有活跃社交网络的被试者，社交孤立者罹患感冒的概率要高4倍；离异的、分居的和丧偶的被试者对心理治疗的需求是有配偶者的5～10倍；而婚姻幸福的被试者相比单身的人，在肺炎、外科手术和癌症上的发生率更低。

沟通对人的心理健康有非常重要的作用。人们通过人际沟通，向他人倾诉自己的喜怒哀乐，促进与他人之间的情感交流，消除个人的孤独、空虚情绪，化解个人的忧虑及悲伤，增加个人的安全感，从而使自己精神振奋，维持心理健康。

（二）沟通是传递和获取信息的必要基础

沟通是人与人之间交换信息、交流思想、说明观点、表达需求、阐明意愿、增进理解、融合情感、达成共识的过程。通过沟通交换各种有意义、有价值的信息，生活、工作中的大小事务才得以开展。

（三）沟通是改善人际关系的重要途径

沟通是一切人际关系赖以建立和发展的前提，有效沟通是形成、发展和谐人际关系的根本途径。人们在沟通的过程中交流意见、构筑情感、消除误会。有效的沟通可以让双方获得一种安全感、信赖感，避免紧张感、威胁感或被侵犯感，让沟通双方体会到尊重和信赖，从而建立和改善人际关系。

（四）沟通是参与职场活动的重要前提

沟通是一项重要的职业核心能力。沟通能保证信息有效传递，从而有效协调企业各级管理工作，帮助各岗位员工目的明确地开展工作；沟通能使决策更加准确、合理、科学；沟通使人换位思考，有助于化解矛盾，增强团队的凝聚力等。

大学生要提升职场沟通能力，就要有针对性地学习沟通理论，在实践中锻炼沟通技巧，克服不会、不善、不敢、不愿与人沟通的心理，做好进入职场的准备。

沟通实践

李先生前一段时间去应聘一个采编岗位，对主考官说自己发表了总计30万字的文章。主考官针对这一点提问：“你在前面一直强调你发表了总计30万字的文章，但是我们认为，这仅仅能反映你的写作能力。作为一名采编人员，非常重要的一点是要具备与人沟通、开展采访的能力，以及敏锐的观察力，你能不能更多地展示一下这些方面的能力？”

李先生答道：“平常与人沟通时不要说太多，而要做得多，关键不是看你说什么，而是看你做了什么。理论是灰色的，生命之树常青！我父亲也常常对我说，在与人交往的过程中一定要少说多做。虽然采编人员可能要接触很多人，但敏锐的观察力是任何一个创作者都必须具备的，我写了总计30万字的文章，这本身就反映了我的观察力。我没有过分地突出我的沟通能力，是因为我的强项是写作，可能因此削弱了对沟通能力的表现，但实际上我具备了这方面的能力。”

结果，主考官对李先生的回答并不满意，最终他被淘汰了。

（案例选自《全国职业核心能力认证过程测评文件包》）

1. 请分析上述案例所涉及的沟通的种类。

2. 结合上述案例分析李先生为什么被淘汰。请结合自己的学习和工作实践，和同学讨论沟通的重要性。

专题三　职场写作

任务与目标

在中小学的学习中，同学们曾写过不少作文，大多是记叙文、议论文，很少涉及应用文。上大学以后，我们将会有很多写应用文的机会，如写申请书、学习总结、事迹材料、新闻、求职简历等；步入职场，我们将经常使用应用文来部署工作、传递信息和交流思想。

通过本专题的学习，我们要：

（1）了解应用文的含义、特点和作用；

（2）了解职场写作的范围，认识职场写作的重要性。

一、初识应用文

（一）应用文的含义

应用文是各类党政机关、企事业单位、社会团体和个人在日常学习、工作和生活中，用以处理各种公私事务、传递交流信息、解决实际问题的具有实用价值、格式规范、语言简约的多种文体的统称。应用文重在应用，是人们相互交往、传递信息、表达思想、解决问题、指导实践的沟通工具。

（二）应用文的特点

应用文不同于文学作品，相比而言，应用文具有以下特点。

1. 实用性

实用性是应用文的突出特点之一，这也是它和文学作品的重要区别之一。应用文的产生、发展和变化，都是以实际应用为目的，为人们的实际工作和日常生活服务的。无论哪种类型的应用文都是针对现实生活中需要解决的问题而写作和使用的，因而实用性是应用文最主要的特点。

2. 真实性

文学作品可以虚构，文学创作追求的真实性是艺术的真实。应用文追求的真实性是为了事实的真实。应用写作的目的是反映并指导学习、社会实践，这就要求应用写作必须从客观实际出发，利用真实的材料，揭示事物的本质规律，不能夸张，更不能虚构。

3. 规范性

文学创作讲究独创性，提倡标新立异，反对格式雷同、程式化；应用文则是为了处理公私事务，要求按照一定的模式写作，在格式上讲究规范性、程式化。党政机关法定公文需按照《党政机关公文格式》书写；非法定公文，如计划、总结、述职报告等，也在长期的使用过程中形成了约定俗成的、相对稳定的格式，同样具有规范性。应用文的规范性不仅指格式的规范性，还指文种使用的规范性。

4. 时效性

应用写作的时效性体现在两个方面。一是体现在写作的及时性。文学创作可以“批阅十载”“十年磨一剑”，而应用写作要求在一定的时限内完成，延误时间就失去了写作的意义，甚至会贻误工作，造成严重后果。二是体现在作用时间的有限性。应用写作只在一定时间内产生直接效用，写作目的实现后，其直接效用就随之消失。在社会快速发展的今天，应用写作更应做到及时、准时和高效，这是进一步提高办事效率不可或缺的重要前提之一。

5. 准确性

应用文的语言要求与文学创作也不尽相同。文学创作语言的准确性主要体现在语言的表现力上，用最准确的语言写景、叙事和抒情；而应用文语言的准确性则体现在使用严格的合乎语法规范的书面语言，在不使用艺术手法的基础上表意确切、恰当。文学创作多用积极的修辞手段，应用写作多采用消极的修辞手段。

（三）应用文的作用

在长期的发展过程中，应用文为推动社会的进步起到了不可替代的作用，可以概括为以下4个方面。

1. 规范和指导作用

应用文中有不少文种是党政机关公文和各类规章制度，是国家进行管理的重要工具。党和政府的各项方针政策主要是靠公文和行政法规等应用文来宣示的。如党政机关制发的命令、通知、意见、通告等，对人们的工作具有规范和指导作用，使人们在工作中有章可循，能够顺利有效地开展各项工作。

2. 沟通和商洽作用

现代社会的分工越来越细，交际越来越频繁、复杂。任何党政机关、企事业单位、社会团体和个人都不是孤立存在的，都需要不断地与外界沟通、交流、商洽业务。应用文作为一种为社会普遍使用的交际工具，在社会生活中发挥着传递信息、沟通交流、商洽业务的作用。应用文就像纽带一样把人们联系起来，为促进社会发展、经济繁荣发挥着积极作用。

3. 宣传和教育作用

相对于其他文体而言，应用文具有很强的宣传教育作用。党政机关为使各项方针政策很好地贯彻执行，就必须对广大干部群众进行宣传和教育，以提高人们的思想认识水平，增强执行政策的自觉性。例如，为了更好地开展宣传教育活动，直接用专文形式，如表彰决定、通报等，弘扬正义、抨击劣行、惩恶扬善，帮助人们明辨是非，统一认识，提高觉悟，促进社会的和谐与进步。

4. 依据和凭证作用

在日常生活和工作中，无论是公务联系还是私人往来，常常需要书面凭证，以备日后查寻，如合同、协议书是确定、变更或终止签约各方相互间权利义务的凭证。应用文常常记载了党政机关、企事业单位、社会团体在不同历史时期、不同地点、不同事件中的具体情况，具有显著的凭据作用。各种应用文在完成其现行的效用之后，还可以转化为档案，有的还可以成为重要的历史资料供后人取证查阅。

二、职场写作的范围

应用文是一个统称，包括的种类繁多。从内容性质和使用对象来看，可以分为公务文书和私人文书两大类；从使用范围来看，应用文涉及社会的各个领域，包括党政机关公文、事务文书、规约文书、礼仪文书、日常文书和专用文书等。职场写作涉及的应用文文种也非常多，大致可以分为以下几类。

1. 党政机关公文

党政机关公文，又称法定公文，一般简称公文。党政机关公文是党政机关实施领导、履行职能、处理公务的具有特定效力和规范体式的文书，是传达贯彻党和国家的方针政策，公布法规和规章，指导、布置和商洽工作，请示和答复问题，报告、通报和交流情况等的重要工具。《党政机关公文处理工作条例》（中发办〔2012〕14号）规定了15种公文文种，即决议、决定、命令（令）、公报、公告、通告、意见、通知、通报、报告、请示、批复、议案、函、纪要。

2. 事务文书

事务文书是党政机关、企事业单位、社会团体和人民群众在处理日常事务时用来沟通信息、安排工作、总结得失、研究问题的应用文。它们在长期的使用过程中也形成了约定俗成的、相对稳定的规范格式，实用性强，使用范围广，使用频率高，如计划、总结、述职报告、简报、大事记、策划书、调查报告、会议记录等都属于事务文书的范畴。

3. 日常文书

日常文书是党政机关、企事业单位、社会团体和人民群众在日常工作和生活中广泛使用的，用来沟通信息、联络感情、表达意愿的实用文书。日常文书虽然不像党政机关公文那样具有法定的规范格式，但也自有约定俗成的格式和特点。日常文书包括各类书信、倡议书、建议书、读书笔记、条据、记录、启事、声明、海报等。

4. 规约文书

规约文书，又称规章制度类文书，是党政机关、企事业单位、社会团体为了维护正常的工作、劳动、学习和生活的秩序，依据国家的方针、政策，在一定范围内制定的一种具有法规性和约束力，要求有关人员必须按章办事、共同遵守的应用文。这类文书包括章程、制度、办法、规定、规则、细则、规程、公约、守则、须知等。

5. 专用文书

专用文书，是相对于通用文书而言的，一般应用于特定的领域或特定的范围，如外交文书、经济文书、科技文书、司法文书（法律文书）等。

三、职场写作的重要性

微课

如何学习应用文写作

掌握应用写作知识、具备一定的应用写作能力是在党政机关、企事业单位、社会团体工作的必备条件，也是当代大学生必备的素质之一。社会的发展、科技的进步，都需要创新型的人才，学会写并写好职场文书，是对创新型人才的基本要求之一。

在职场，人们往往要将大量的时间和精力投入各类文书的写作中，如撰写工作计划、工作报告、市场分析、会议记录、新闻简报等，可以说，应用写作能力在职场中具有很重要的作用和影响力。

良好的应用写作能力可以提高工作效率，增强职业竞争力，但不同人的应用写作能力也不尽相同。应用写作能力差的人不知道如何写策划、写报告，纵然心中有想法也难以表达出来，这种人写一份材料要比别人多花费几倍的时间和精力，但往往结果不尽如人意。对于公司领导来说，他们需要的是有执行力、有效率的员工。没有在规定时间内完成工作的员工，会在领导的心中留下不好的印象，从而影响其职业竞争力。应用写作能力强的人往往会超前完成工作，可以利用多出来的时间干一些别的工作，这些往往会被公司领导注意，他们因此更容易受到青睐，这些都在无形中提升了他们的职业竞争力。

写作实践

1. 请根据所学专业，查阅资料，了解本专业领域常用的职场应用文有哪些。
2. 开展小组讨论，谈谈提升应用写作能力对职业发展的重要性。

项目二
培养职业基本素养

专题一　个人形象礼仪

任务与目标

个人形象礼仪代表的是人的精神面貌，大学生注重对个人形象礼仪的塑造能强化文明观念，提升个人修养，展现新时代大学生的蓬勃朝气。

通过本专题的学习，我们要：

（1）掌握仪容、仪表、仪态礼仪的基本知识；

（2）能够运用个人形象礼仪的相关知识在不同场合打理好个人的形象。

案例导入

小李表达能力很强，既朴实又勤快，在本公司业务人员中的学历也是最高的，因此领导一直对他抱有很大的期望。可是，令人奇怪的是，他做销售代表这么多年，业绩却始终徘徊不前。问题到底出在哪里呢？领导和同事们都百思不得其解。后来，在一个很偶然的情况下，大家才注意到：原来，小李是一个不修边幅的人。他总是佝偻着身子，走起路来摇摇摆摆，留着长长的指甲，更要命的是，指甲里藏污纳垢。他的脖子上总是油腻一片，白衣领上常有一圈黑色的痕迹。此外，他还喜欢吃大葱、大蒜等气味很大的食物。

想一想：从礼仪角度来看，小李的业绩为什么始终无法提高？

一、仪容礼仪

仪容即容貌，由发型、面容以及人体所有未被服饰遮掩的肌肤所构成，是个人形象的基本要素。

微课

常见的脸型介绍

（一）发型得体

在正常情况下，人们观察一个人往往是“从头开始”的。整洁的头发配以大方的发型，往往能给人留下神清气爽的良好印象。发型影响着一个人的整体气质，拥有一个适合自己的发型，可以为自己的形象加分。发型也是有很多讲究的，要根据自身的脸型等特点进行匹配。

1. 圆脸

圆脸的男性和女性都是非常可爱的，给人一种“童感”，这种脸型的女性比较适合中分直发，因为这种发型能拉长脸部线条，使脸型看起来没有那么圆；或者剪中短发，这样会显得干练清爽。这种脸型的男性适合露出额头，头顶留长一点的头发，这样可以拉长脸部线条。

2. 长脸

长脸和圆脸正好相反，需要缩短脸部。长脸就不太适合中分直发了，否则会显得脸更长。长脸的女生可以选择波浪卷发，因为波浪卷发可以很好地修饰脸部线条，在视觉上缩短脸部。长脸还有个秘密武器就是刘海，这样也能在视觉上缩短上庭。长脸的女性尽量不要剪过短的发型，否则会显得脸部更长。

3. 方脸

方脸的棱角感比较强，脸部线条不柔和，这种脸型的女性可以试试卷度较大的波浪卷发，这样可以弱化脸部的线条，让脸部的棱角感不是那么明显；还可以试试蓬松的羊毛卷发，这样不仅显得发量多，还能很好地修饰脸型，转移人们的注意力。这种脸型的男性适合留刘海，刘海可以适当地修饰脸型，一定不要把脸颊两边的头发都剃掉，否则会暴露这种脸型的缺点。

4. 椭圆脸

椭圆脸类似于鹅蛋脸，是一种比较标致的脸型，这种脸型微长，但是很圆润，脸部线条不明显。这种脸型的女性几乎能驾驭所有发型。这种脸型的男性可以选择露出额头的发型，这样可以显得干净清爽，而蓬松的刘海可以产生“减龄”的效果。

（二）面容修饰

面容是仪容中十分引人注目的地方。在职场中，适当地化妆可以表示对他人的尊重，同时展现更好的个人形象。职业妆的基本要求有以下几点。

1. 粉底

粉底颜色应与肤色接近，若粉底颜色太白，上脸后会有“浮”的感觉。粉底不可涂抹过厚，可用拍打的手法薄薄施上一层。注意发际线处与颈部要有自然的过渡，以免产生“面具”似的感觉。

2. 眉形

适宜的眉形会使人瞬间焕发神采。高挑的细眉很有柔媚的韵味，但对于职业女性来说，最好的选择应是稍粗而眉峰较明显的眉形，以显得干练。

3. 色彩协调

职业妆容的色彩不能过分夸张，应给人一种和谐、悦目的美感。以暖调为主的色彩，如粉色及橙色系能使肤色显得健康，很适合在职场使用。妆容的色彩应是同色系的，如眼影与口红、腮红的色彩应该协调呼应。色彩过于浓艳的眼影不适宜在职场中使用。

适宜的职场妆容如图2-1所示。

图2-1　职场妆容

二、仪表礼仪

仪表是指人的外表，包括服饰、个人卫生、身体姿态等方面，它是个人精神面貌的外在体现。在职场中，一个人的仪表不但可以体现其文化修养，而且可以反映其审美情趣。穿着得体能给人留下良好的印象，促进人际交往。

（一）女性职场着装礼仪

职场女性应养成良好的着装习惯，要根据自己的体型、发色、肤色来选择服装的样式和颜色。西装套裙是女性的标准职业着装，选择套裙时应遵循以下几个方面的通用标准。

1. 面料

面料要选择质地上乘的，上衣、裙子和背心等须是同种面料。要选择不起皱、不起毛、不起球的面料，优先选择柔软、挺括、手感较好的面料。

2. 色彩

套裙色彩应以冷色调为主，以体现出穿着者的典雅、端庄与稳重。套裙的色彩不应超过三种，不然就会显得杂乱无章。

3. 尺寸

套裙在整体造型上的变化，主要表现在长短与宽窄两个方面。套裙上衣不宜过长，下裙不宜过短。通常套裙之中的上衣最短可以齐腰，而下裙最长则可以达到小腿的中部。以宽窄而论，紧身式上衣显得较为传统，宽松式上衣则看上去更加时髦。上衣或下裙均不可过于肥大或包身。

4. 穿着细节

在正式场合穿套裙时，上衣的衣扣必须全部扣上，不能部分或全部解开，更不要当着别人的面随便将上衣脱下。下裙要穿得端端正正，上下对齐。在选择丝袜和皮鞋时，需要注意丝袜上端一定要高于下裙的下摆，皮鞋应尽量避免鞋跟过高或过细。

5. 首饰佩戴

佩戴首饰要以少为佳，在某些情况下，可以一件首饰都不戴。若有意同时佩戴多件首饰，其上限一般为三件。除耳环、手镯外，佩戴的同类首饰最好不要超过一件。

佩戴首饰应力求同色。若同时佩戴两件或两件以上首饰，应使其色彩一致。戴镶嵌首饰时，应使其主色调保持一致。

佩戴首饰应争取同质。若同时佩戴两件或两件以上首饰，应使其质地相同。戴镶嵌首饰时，应使镶嵌物质地一致，托架也应力求一致，这样能令其总体上显得协调。

另外，高档首饰（尤其是珠宝类）多适用于隆重的社交场合，但不适合在工作、休闲时佩戴。

（二）男性职场着装礼仪

西装通常是职场男性着装的首选。穿西装的重要规则为“三个三”。第一个“三”是三色原则，即穿西装时，全身的颜色不能多于三种。第二个“三”是“三一定律”即穿西装外出时，鞋子、腰带、公文包应为同一颜色。第三个“三”是三大禁忌，忌西服袖子上的商标不拆，忌重要场合穿夹克或短袖衬衫打领带，忌重要场合穿白色袜子或尼龙丝袜与西装搭配。具体来说，男性在穿着西装时，应遵循以下规则。

1. 西装色彩要庄重

西装的色彩必须庄重、正统，可以选择灰色、藏蓝色或棕色的单色西装。正式场合不要穿色彩鲜艳或发光发亮的西装，渐变色的西装通常也不要选择。

2. 衬衫搭配要适宜

衬衫的颜色要和整体颜色协调，同时衬衫不宜过薄或过透，特别是穿浅色衬衫时，衬衫里面不要穿深色内衣或防寒服，特别注意不要露出里面的内衣或防寒服领口。打领带时，衬衫的所有纽扣，包括衬衫领口、袖口的纽扣都应扣好。

3. 领带选择要协调

领带的颜色要和整体颜色协调，同时要注意长短配合，领带正好在腰带的上方或与之有一两厘米的距离，这样最为适宜。领带系好后前面宽的一面应长于后面窄的一面。领带夹别在特定的位置，即从上往下数，衬衫的第四与第五粒纽扣之间，然后扣上西服上衣的扣子，从外面一般应当看不见领带夹。

4. 鞋袜选择要规范

职业场合中，穿西装一般要配皮鞋，杜绝出现运动鞋、凉鞋或布鞋的搭配，皮鞋要保持光亮、整洁。注意袜子的质地、透气性，同时袜子的颜色必须和整体颜色协调。如果穿深色皮鞋，袜子的颜色应该以深色为主，同时要避免出现比较花的图案。

三、仪态礼仪

仪态是指人在行为中的姿势和风度，是从外观上可以明显察觉到的活动、动作，以及在活动、动作之中身体各部分所呈现出来的姿态。

（一）站姿

站要端正、自然、稳重。上身正直，头正目平，脸带微笑，微收下颌，挺胸收腹。女士可将双膝和脚后跟尽量靠拢，脚掌略微分开，双脚呈“V”字形；或者一只脚略前，一只脚略后，前脚的脚后跟靠向后脚的足弓，双脚呈“丁”字步。双手自然垂放于身体两侧或双手相叠放于腹前。男士可将脚跟靠紧，脚掌分开呈“V”字形，挺髋立腰，吸腹收臀，双手置于身体两侧自然下垂。或者两腿分开，两脚平行，不超过肩宽，右手握左手手腕，置于腹前或置于身后，贴在臀部。女士和男士的标准站姿如图2-2～图2-7所示。

图2-2　女士站姿1　图2-3　女士站姿2　图2-4　女士站姿3

图2-5　男士站姿1　图2-6　男士站姿2　图2-7　男士站姿3

（二）坐姿

坐要端正、文雅、自如。入座时，轻而缓，走到座位前转身，右脚后退半步，左脚跟上，然后轻轻地坐下（如穿裙子，要用手把裙子拢一下）。坐下后，上身正直，头正目平，嘴巴微闭，面带微笑；腰背稍靠椅背，大致占据座椅2/3的面积即可；应在椅子的左侧落座，左侧离座。两手相交放在腹前或两腿上，两脚平放于地面。

扫码看视频

坐姿

（三）行姿

行走要协调稳健、轻盈、自然大方。上身正直不动，两肩相平不摇，两臂摆动自然，两腿直而不僵，步速适中均匀，步位向前，女士两脚踏在一条直线上，男士两脚踏在两条平行线上，步态要自如、匀称、轻盈，如图2-8所示。

（四）蹲姿

蹲要舒服、自然、连贯。一脚在前，一脚在后，两腿向下蹲，前脚全脚着地，小腿基本垂直于地面，后脚脚跟提起，脚掌着地，臀部向下。在拾取低处的物品时，应保持大方、端庄的蹲姿，如图2-9、图2-10所示。

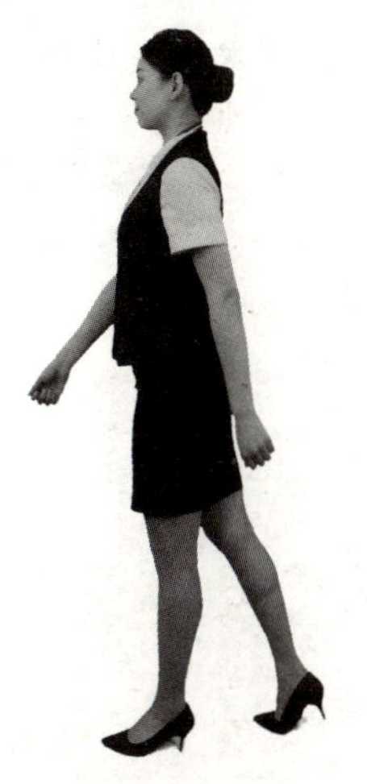
图2-8　行姿

图2-9　女士蹲姿

图2-10　男士蹲姿

（五）手势

手势要优雅、含蓄、彬彬有礼。五指伸直并拢，掌心斜向上方，腕关节伸直，手与前臂形成直线，以肘关节为轴，弯曲 140 度为宜，手掌与地面基本成 45度角。指示方向时，上体稍向前倾，面带微笑，看着目标方向，并兼顾宾客是否会意，如图2-11所示。

扫码看视频
手势

图2-11　手势

礼仪实践

请学生化职业妆，并穿着标准的职业装，向全班同学展示。

专题二　沟通自我认知

任务与目标

职业基本素养是决定职场成就的关键。沟通能力是职业基本素养中的关键能力。那么，当前你对自身沟通能力的认知如何？想一想：

（1）你对自己语音方面的沟通能力评价如何？

（2）是否已经做好了沟通的心理准备？

（3）通过怎样的训练可以提升肢体语言沟通效果？

通过本专题的学习，我们要：

（1）了解语音的含义，掌握语音的表达技巧；

（2）掌握做好沟通心理准备的方法；

（3）掌握训练肢体语言的方法。

一、语音的自我认知

（一）语音概说

1．语音的含义

语音是由人的发音器官发出的具有一定社会意义的声音，是以声音形式表现出来的人类语言。语音是语言的物质外壳，是最直接地记录人的思维活动的符号系统。

2．语音的要素

语音的基本要素包括音质（音色）、音高、音强、音长。

（1）音质

音质，又称音色，即一个声音区别于其他声音的个性特点。音质取决于发音体、发音方法、共鸣器形状等因素。在沟通过程中，音质是由自身的情感控制的。

（2）音高

音高即声音的高低，由频率决定。音高与人的声带长短、厚薄、松紧有关。长而粗厚的发音体发出的声音频率低，短而细薄的发音体发出的声音频率高。语调与音高有关。

（3）音强

音强即声音的轻重或者强弱，由振幅决定。音强与呼出的气流量和发音的用力程度有关。发音时用力大，气流强，则音强强。轻重音主要受音强影响。

（4）音长

音长即声音的长短，它取决于发音体振动的持续时间。

除上述四要素之外，语速、停连、语气等因素也会影响语义的表达，也属于语音的要素。

（二）沟通中语音的重要性

美国著名传播学、心理学教授艾伯特·麦拉宾提出梅拉比安沟通模型（又称法拉宾法则或73855定律），该模型指出：人们在进行沟通时，55%的信息通过视觉传达，如手势、表情、装扮、肢体语言、仪态等；38%的信息通过听觉传达，如说话的语调、声音的抑扬顿挫等；只有7%的信息来自纯粹的语言表达。沟通中，语气、音高、语速等语音要素能传达38%的信息，比语言表达内容的5倍还多。可见，如果不重视语音，人际沟通中可能会损失近40%的内容。

（三）语音的表达技巧

1. 发声技巧

（1）音准

发音要求准确、规范，吐字清晰，使用现代汉民族共同语——普通话。普通话是《国家通用语言文字法》规定的国家通用语言，以北京语音为标准音，以北方官话为基础方言，以典范的现代白话文著作为语法规范。推广、普及普通话是我国先进生产力和先进文化发展的需要，符合全国各族人民的根本利益。

（2）音色

在沟通中，音色直接影响着对方与你交谈的心情，关系着对方对你的第一印象。好的音色悦耳、柔和、有吸引力，能够拉近双方的情感距离，让对方愿意与你沟通。专业的训练和持之以恒的练习可以帮助我们塑造好的音色，提升声音魅力。

（3）音量

要根据沟通环境调节音量，如在沟通对象较多或环境比较嘈杂、空旷时，音量就要大一些，反之则小一些。音量还会根据情绪的变化而变化，情绪激动时，音量往往大一些；情绪平缓时，音量一般小一些。

（4）音调

音调可以传递情感、情绪信息，一般分为平直调、高升调、弯曲调、降抑调4种。平直调平缓，适合表现庄重、严肃、冷漠等情绪；高升调多表示惊讶、疑惑、鼓动、号召等感情；弯曲调先降后升、两头高，常带有讽刺、怀疑、愤慨、幽默等感情色彩；降抑调通常用来表现自信、坚强、赞扬、感叹等。

2. 重音技巧

（1）语法重音

语法重音由语法规则决定，有一定的规律，位置较为固定。一般主谓结构的词组、短句中的谓语应读重一些，疑问代词和指示代词一般应读重一些。另外，复句中的关联词要读成重音，表示比喻、夸张、对偶、对比、排比、重复、设问、反复、双关、反语、拟声等的词语也要读成重音。

（2）情感重音

情感重音需要根据情感的表达来安排，合理使用可以使语言色彩更加丰富，感情表达得更细腻、更充分。

（3）逻辑重音

为了突出或强调句段主要思想所读的重音叫逻辑重音。同样一句话，重音位置不同，意义也会有所区别。体会下面句子表现意义的不同。

我请你跳舞。（重音在“我”，意指请者不是别人，是“我”。）

我请你跳舞。（重音在“跳舞”，意指请你跳舞，不是请你唱歌。）

3. 停顿技巧

适当的停顿可以使语音节奏鲜明，是表情达意的重要手段。

（1）语法停顿

语法停顿是句子中间的自然停顿。它往往是为了强调、突出句子的主语、谓语、宾语、定语、状语或补语而做的短暂停顿。正确地停顿断句，不读破句，才能够正确地表达语义。

（2）逻辑停顿

逻辑停顿是为强调某一事物、突出某种语义或某种感情而进行的停顿。这种停顿打破了语法停顿的一般规律，即在没有标点符号的地方停顿或在语法停顿的基础上延长停顿的时间，由说话者的主观意图决定。这种停顿有时与语法停顿一致，有时不一致。

（3）修辞停顿

修辞停顿是根据不同语境而特意安排的一种停顿，具有语音修辞的色彩。例如，“我即刻胆怯起来了，便想全翻过先前的话来，‘那是……实在，我说不清……其实，究竟有没有魂灵，我也说不清。’”（选自鲁迅《祝福》）话语中的停顿表现了人物的语无伦次和犹豫的心理状态。

（4）情感停顿

情感停顿不受句子语法关系的制约，完全是根据感情或心理的需要而做的处理，特点是声断而情不断，也就是声断情连。

4. 语速技巧

语速一般分为快速、中速、慢速三类。一般情况下，说话者情绪激动，如紧张、盛怒时语速较快；心情沉重、悲伤时语速较慢；一般表述时语速适中。

沟通时语速富于变化，既可以体现语言的节奏美，又可以帮助对方准确理解所要表达的情绪和情感变化。需要注意的是，语速的变化要自然，不能突兀，否则容易让对方觉得做作，影响沟通效果。

5. 语气技巧

只有运用多样、贴切的语气，才能使我们的思想感情处于运动状态，不时对对方产生正向影响，从而实现有效沟通。

用适当的语气可以帮助对方准确理解你的意思，并且帮助对方感受你的情绪以及你是否自信等。不要使用挑衅、消极、优越、命令、评价的语气沟通，否则容易招致对方的反感，严重时甚至会引发冲突。建议使用探讨、积极、尊重、平等、建议的语气，以确保沟通顺利进行。

扫码看资料

语音的训练方法

二、沟通的心理准备

（一）双向尊重

沟通的过程是建立在相互尊重基础之上的信息交换过程。只尊重自己但不尊重别人会成为自大的人，没有人愿意与自大的人沟通。因此，对别人缺乏尊重会阻碍自己成为有效的沟通者。同样，如果不尊重自己也会导致无效的沟通。如果自我评价很低，将不能说出自己的想法、目标、好恶。所以，沟通中的尊重是双向的，必须尊重自己，也要尊重他人。

（二）建立信任

信任是沟通的前提。信任影响着人们相互间的沟通行为，人们根据彼此间是否存在信任关系来决定是否应该交往及如何交往。只有互相信任才能表达自己的真心，流露自己的真实感情。当沟通信任缺失时，你将感受到情感的失落、猜忌怀疑的增加、偏见观念的泛滥、孤独情绪的蔓延等。没有人与人之间的信任，正常沟通就没有了基础，一方就会预设立场，从头至尾挑剔对方，质疑对方，甚至拒绝沟通。

（三）体现诚意

“诚于中，形于外。”当我们能真诚和别人沟通时，能较容易地获得真诚的回报。如果自己本身都意未明，情未动，言不由衷，还怎么去表情达意呢？沟通中的“诚意”是指诚心、诚恳和诚实。诚心是要有一颗正直、诚实的心；诚恳是一种诚实而恳切的态度，要讲不虚假的话，做光明磊落的事；诚实是一个人说话、做事的原则。

（四）学会倾听

卡耐基说：“一对敏感而善解人意的耳朵，比一双会说话的眼睛更讨人喜欢。”有效的倾听是获取信息的重要手段，是发现问题、解决问题的前提，是建立信任、改善关系的条件，是防止主观误差、调动积极性的措施。有效倾听可以让对方从内心深处产生愉悦感与满足感，并把这种心理上的满足感归因于与你的谈话，从而产生对你的好感，进而促进沟通过程的融洽。

（五）管理情绪

情绪是人对客观事物的态度体验，以及相应的行为反应。沟通过程中信息的传递、理解和执行受人们情绪的影响。如果处于过度激烈的情绪状态中或心情不佳，就难以与对方沟通，甚至产生对立情绪，故意歪曲信息的本来含义。不同的情绪感受会使个体对同一信息的理解截然不同。因此在沟通过程中，要做好情绪管理，既要察觉、接纳、控制自己的情绪，又要接受、理解、调节对方的情绪，通过良好的沟通，达到双赢的局面。

三、沟通的肢体语言

（一）肢体语言概说

广义而言，肢体语言也称体态语言，人类借助和利用自己的面部表情、手势动作、身体姿态变化等，以达到表情达意的沟通目的。狭义而言，肢体语言只包括身体动作所表达的意义。

（二）肢体语言的作用

一个人向外界传达的信息中，单纯的语言成分只占7%，通过听觉传达的信息占38%，另外55%的信息都需要由视觉、特别是肢体语言来传达，而且因为肢体语言通常是一个人下意识的举动，所以它很少具有欺骗性。

1. 辅助语言表达

肢体语言可以有效弥补语言的缺陷，使信息的传达更加准确，沟通更有效率。例如，给别人指路时一边用语言描述，一边用手指明方向，会让对方更加清晰地辨识道路方向。

2. 直接表达情感和情绪

肢体语言可以直接表达情感，如握手可以表示友好，加深双方的理解、信任。肢体语言可以直接表达情绪，可以帮助一方辨识出另一方此时的心境，如鼓掌表示兴奋，顿足代表生气，搓手表示焦虑，垂头代表沮丧，摊手表示无奈，捶胸代表痛苦等。

3. 了解沟通对象的真实想法

肢体语言多是对外界刺激的直接反应，多为无意识状态，因此我们可以借助观察沟通对象的肢体语言了解其真实想法。正如弗洛伊德所说："没有人可以隐藏秘密，假如他的嘴唇不说话，则他会用指尖说话。"

4. 及时反馈，引导互动

在沟通时，肢体语言可以通过及时反馈、引导互动等方式调动或影响对方的情绪，启发或引导对方的思路，有效调节沟通气氛。例如，在对方说话时，点头表示对对方的肯定，这样既做到了及时反馈，又不会打断对方说话。

文化小贴士

不同文化中的手势语言

需要注意的是，肢体语言在不同的文化中含义可能大相径庭。

（三）肢体语言的种类

1. 面部表情

面部表情是通过眼部肌肉、颜面肌肉和口部肌肉的变化实现的，可以反映一个人真实的内心情感。适宜的、合乎礼仪的面部表情能够使沟通更为顺畅，反之则会使沟通产生障碍。眼睛是人类面部的感觉器官之一，能有效地传递信息和表情达意。社交活动中，眼神运用要符合一定的礼仪规范。如与陌生人初次交谈时，直接注视对方的眼睛会让对方觉得不自在；完全不看对方的眼睛，又会被认为是傲慢无礼；眼神落在对方的鼻部较为恰当。

2. 手势动作

手势动作是一种非常重要的肢体语言沟通方式，根据不同的内涵可以大致分为情意手势、指示手势、象形手势、象征手势4类。情意手势重在表现强烈的情感，渲染气氛；指示手势重在指示具体对象、方位，给人以实感；象形手势重在模拟形状，给人以具体的形象感；象征手势重在表示抽象的意思，启发听众的想象和联想。

3. 身体姿态语言

身体姿态语言是通过身体的各种动态或静态的姿势传递信息的一种交流形式，如各种站姿、坐姿、走姿、卧姿等。如在沟通中，对方挺腰直坐，说明对方对你非常尊重并且对谈话内容非常感兴趣。若对方本来是正面端坐，后改为斜坐，表明对方刚开始对你的谈话内容很感兴趣，但随着谈话的进行，逐渐失去了兴趣。

4. 空间距离

人类学家观察发现，人际距离的变化是双方沟通时在肢体语言上的一种情感性表达：彼此熟悉，距离就会近一点；彼此陌生时，就会保持距离。美国人类学家爱德华·霍尔划分了4种距离，分别是公众距离（约3.7～7.6米）、社交距离（约1.2～3.6米）、个人距离（约0.45～1.1米）、亲密距离（小于0.45米）。一般公共场所中的陌生人沟通时，彼此间的距离通常维持在3米左右，这体现了一种公事上或礼节上的较为正式的关系。

（四）常见的肢体语言及其含义

1. 头部语言

头部语言主要有点头和摇头两种。在多数文化中，点头表示肯定、回应、同意、赞许等；

摇头表示否定、不赞同、反对等。但保加利亚、阿尔巴尼亚、印度以及巴基斯坦等国家的人士以点头表示拒绝。在与其进行跨文化沟通时，需特别注意。

2. 眉部语言

眉毛的变化往往反映沟通对象的情绪变化。一般来说，眉毛上扬表示喜悦、惊喜或惊恐，眉毛下拉表示愤怒，眉毛高挑表示询问或疑虑，眉毛舒展表示心情愉悦，眉头紧皱表示思考或不满。

3. 眼部语言

眼部语言指眼神所传递的沟通信息。一般来说，沟通时对方看向你面部的平均时间占谈话时长的32% ～ 61%，高于61%说明对方对沟通内容很感兴趣，低于32%则表示对方兴趣不高。当对方视线时不时脱离你的面部，表示对方已经对你的沟通内容产生了厌倦，但又不好打断，因而产生了焦躁情绪；下巴内收，视线上扬，注视你，表明对方此时有求于你；反之，下巴扬起，视线向下注视你，则表明对方认为自己更占优势，若在商务谈判场景中，则此时对方的让步空间有限。

4. 嘴部语言

嘴部语言可以反映沟通对象的心理状态。一般来说，嘴唇紧紧抿住，多表示态度坚决，不容更改；嘴巴噘起则表示不满或准备发起反攻；咬嘴唇一般表示遭受挫折或打击时的内疚心态；嘴角上扬，露出微笑，则表示对对方的尊重和赞许。

5. 上肢语言

上肢语言即手势语言，使用范围较广，使用频率较高。一般来说，掌心向上表示谦虚、诚实、不带威胁性；掌心向下则表示控制、压制，带有强制性。伸开双臂表示坦白、诚恳；手臂交叉环抱于胸前，则表示防备、有敌意。用手指无意识地敲击桌面或在纸上乱画，表示对话题不感兴趣、不耐烦。一手托腮，手掌撑住下巴，上身前倾则表示正在思考如何作决策。

6. 下肢语言

下肢语言指通过腿和足来传递的沟通信息，下肢是最先表露潜意识情感的部位。跷二郎腿并且上身向对方方向倾斜，意味着有合作意向，反之则意味着傲慢或有较强的优越感。交谈中上身直立，并腿而坐，意味着尊重、恭敬，有着较高的沟通期望值。双腿分开，上身后仰而坐，意味着此时充满信心，自觉优势较大，此时不太可能让步。双脚不时小幅度晃动或抖动，说明焦躁不安，正处于某种紧张情绪之中。

7. 腰腹语言

弯腰的动作表示尊敬，意味着把自己的位置放低，屈从。挺直腰板则反映了自信和高昂的情绪，但可能做事较为刻板，缺少通融性。手叉腰间，表示胸有成竹，已经做了周全的准备，对成功有较大把握等。

8. 空间距离语言

空间距离太远，会给人陌生感；距离太近，会给人压迫感，造成不适。若以彼此的熟悉程度衡量，双方应处于社交距离，但对方主动向你靠近，使得沟通距离小于社交距离，则说明对方对你较为信任；反之则表示对方的疏远。

微课

肢体语言在沟通中的应用

沟通实践

德国哲学家斯科芬翰尔说："人的脸直接地反映了他的本质，假若我们被欺骗，未能从对方的脸上看穿他的本质，被欺骗的原因不是对方的脸没有反映出他的本质，而是我们自己观察得不够。"

请谈谈你对这段话的理解。

专题三　事务文书写作

任务与目标

"凡事预则立，不预则废。"做好计划是顺利开展学习或工作等的前提，好的计划能为学习或工作指引方向。想一想：

（1）本学期自己想做什么？怎么做？做成什么样？

（2）在校期间，自己想培养哪些方面的能力？怎么培养？

（3）毕业后想做什么？如何实现？

总结经验，吸取教训，可以帮助我们回顾过去、展望未来。想一想：

（1）在过去的学习生活中，你取得了哪些成绩？成绩的取得源于什么？自身有哪些不足？

（2）以后如何克服困难、弥补不足？

通过本专题的学习，我们要：

（1）了解事务文书的含义和种类；

（2）了解计划的种类和特点，掌握计划的基本写法；

（3）了解总结的含义、种类和特点，掌握总结的基本写法和写作要求。

一、事务文书概述

（一）事务文书的含义

事务文书是各级各类党政机关、企事业单位、社会团体或个人在处理日常事务时用来沟通信息、安排工作、总结得失、研究问题的实用文种，是应用写作的重要组成部分。

事务文书是在处理日常事务工作中形成的文书，包括公务文书和私人文书。事务文书中的公务文书不同于党政机关公文，没有统一的文本格式，不能单独作为文件发文，但因其是在处理公务过程中形成的文种，所以可视为广义的公文。

（二）事务文书的种类

事务文书的涵盖面广、使用频率高，公文学界对事务文书包含的种类尚未形成一致的看法。有人将狭义公文以外的文书都称为事务文书，事务文书的下位分类五花八门。分类标准或着眼点不同，划分出来的种类各不相同。下面介绍一些常见的事务文书种类及其包含的文种。

计划类文书，包括纲要、规划、计划、安排、方案、预案、工作要点等。

总结类文书，包括工作总结、调查报告、事迹材料、述职报告、新闻简报等。

会议类文书，包括会议议程、会议记录、主持词、开幕词、闭幕词、讲话稿、备忘录等。

致辞类文书，包括欢迎词、欢送词、祝词、贺词、答谢词等，有人也称之为礼仪类文书。

书信类文书，包括申请书、建议书、倡议书、感谢信、慰问信、邀请信、介绍信、证明信等。

规章制度类文书，包括章程、条例、制度、办法、细则、规则、规程、守则、公约等。

告示类文书，包括启事、声明、公示等。

事务文书一般不包含专业性质的文书，如外交文书、经济文书、法律文书、科技文书等。

本专题主要介绍计划和总结的写作。

（三）事务文书的特点

特点是比较而言的，相对于党政机关公文，事务文书具有以下特点。

1. 作者广泛

事务文书不像党政机关公文那样具有严格的法定作者，它的制作有的是以机关的名义，有的是以机关的某个部门的名义，有的则是以机关的领导人或代表的名义，甚至各行各业的群众和个人都可以订计划、作总结、搞调查。因此，事务文书的作者具有广泛性。

2. 体式灵活

事务文书没有党政机关公文那样讲究规范的体式，在谋篇布局上可以根据不同的情况来设计。事务文书的各类文种不是没有一定的体式，而是不必像法定公文那样讲求规范性。事务文书可以依据自身特点和长期以来约定俗成的、被人们认可的体式来撰写。

3. 程序简便

党政机关公文的制发和处理必须遵循《党政机关公文处理工作条例》规定的程序，不得擅自行事，而事务文书没有那样严格的处理程序，只需按照各种组织隶属关系来行文。

4. 行文自由

党政机关公文有严格的行文规则，而事务文书行文相当宽泛自由，可以灵活选择行文对象，也可越级行文。例如，简报可以上报，也可以平送，还可以下发；而会议记录、大事记因属内部资料，一般不对外发布。

二、计划的写作

（一）计划的含义

计划是党政机关、企事业单位、社会团体或个人对未来一定时间内要做的工作做出预定安排的一类文种，是为完成一定时期的任务而事前对目标、措施和步骤做出简要部署的事务文书。

计划是完成学习、做好工作的指导，是实现科学化、程序化管理的重要手段，也是检查学习效果、指导工作开展的重要依据。

（二）计划的种类

我们可从不同角度对计划类文书进行分类：按内容分，有学习计划、工作计划、生产计划、科研计划、销售计划等；按范围分，有国家计划、部门计划、单位计划、科室计划、个人计划等；按时间分，有跨年度的多年计划、年度计划、季度计划、月度计划，有长期计划、中期计划、短期计划等；按性质分，有综合性计划和专题性计划；按呈现形式分，有条文式计划、表格式计划和文表结合式计划。

计划的种类很多，"计划"只是个总称，纲要、规划、计划、安排、方案、预案、工作要点等都属于计划类文书。不同名称的计划具有不同的表现形式和写法。

（1）纲要，是对全局范围内带有远景发展设想的某项工作作出的提纲挈领式的总体计划。纲要涉及的时长一般在10年左右。

（2）规划，是从宏观角度对某项工作的指导思想、方向、规模等作出的原则性规定，是纲领性文件，具有全局性、长远性和指导性等特点。规划的时间一般为3～5年，甚至5年以上。

（3）计划，主要着眼于近期目标，从相对微观的角度对全局性工作或某一单项工作的任务、措施作出具体性的规定，便于直接贯彻实施，具有指令性。

（4）安排，常用于布置一定时限内的某一项工作，适用范围比较小，内容单一，在语言表述上比计划更加具体。

（5）方案，一般是在对即将开展的工作作出最佳安排时使用的一种计划类文书。相对而言，安排是对已经确定的一个时期的工作计划的具体分解和贯彻，而方案一般是针对尚未定局的新问题、新工作制定。

（6）预案，是党政机关、企事业单位为应对各种突发公共事件而预先制定的工作方案。预案是为了防患于未然，预先设想一些问题，并对此提出解决方案，因此预案要尽可能周全、具体、可行。

（7）工作要点，是计划的摘要形式，多用于领导机关对下属单位布置工作和交代任务。多以分条列项式的写法来写，全文包含几个大点、几个小点，分别依次拉通排序。

（三）计划的特点

1. 目的性

计划都是有目的的，并且应该是经过努力后才能实现的，目的通过一定的目标体现。目标定得太高，经过努力都不能实现，就容易挫伤人们的积极性；目标定得太低，不易调动人们的积极性。目标一定要结合实际情况来合理确定。

2. 预见性

计划是针对未来某一时段所要实现的目标、任务而制定的行动方案。没有科学的预判，就没有客观的谋划，就难免浅见、短见或偏见。在制订计划前，要对该计划在目标、时间、步骤、措施、保障等诸方面作出成功与不成功的影响因素的分析，提高计划的科学性、前瞻性。

3. 可行性

一份务实的计划，应是建立在对历史和现实进行客观、科学的分析，对未来进行科学预测的基础之上的。完成计划不仅需要明确的目标，还需要有力的措施和保障，执行步骤需明确具体，要有可行性、可操作性，这样才能保证目标的实现。

4. 约束性

计划一经制订，就要对完成目标的实际活动起到指导和约束作用。工作的开展、时间的安排、经费的使用等需按计划执行，如有变化，需按规定程序适时调整。计划也是后期总结的依据，是检查目标任务落实与否的约束性材料。

（四）计划的写法

计划一般由标题、正文和落款组成。

1. 标题

计划的标题有3种形式。凡未定稿的计划，可在标题后或标题之下居中括注“初稿”“讨论稿”“征求意见稿”等。

（1）公文式标题，一般包括4个要素：单位名称、执行时限、内容范围和计划种类，如《××职业技术学院20××—20××年技能型人才培养规划》。

（2）省略执行时限的标题，如《××大学教学工作计划》。

（3）只写执行时限和计划种类的标题，如《20××年工作计划》。

2. 正文

正文一般包括前言、主体和结尾3个部分。

（1）前言。前言一般包括制订计划的依据、上级的指示精神、工作的指导思想、当前的形势分析、完成计划的主客观条件、计划的总体目标或任务、完成计划指标的意义等。

（2）主体。主体部分应包括任务目标、办法措施和进度安排。任务目标是某一时期内所要完成的工作任务的定量和定性目标。办法措施是为完成工作任务拟采取的措施、使用的方法、保障措施等。进度安排就是分阶段、分步骤明确工作的先后顺序。主体部分可以先集中写若干项目标任务，然后写具体的措施办法；也可以对目标任务进行分类，在每项任务之后提出相应的措施办法。

（3）结尾。结尾部分可以提出明确的执行要求：可以展望计划实现的情景，给人以鼓舞；也可以提出希望或发出号召。如果是个人的学习或工作计划，可以写一些自我激励或表示决心的话。不是所有的计划都需要写结尾，有些工作要点就没有结尾。

3. 落款

写明制订计划的单位名称或个人姓名，在署名下一行写上日期。如标题中已经写明单位名称和日期，可以不落款。

（五）计划的案例分析

教育部2022年工作要点（节选）

2022年是新时代新征程中具有特殊重要意义的一年，我们党将召开二十大。这是我们党在进入全面建设社会主义现代化国家、向第二个百年奋斗目标进军新征程的重要时刻召开的一次十分重要的代表大会。迎接学习贯彻党的二十大，是贯穿今年党和国家全局工作的主线，教育工作要聚焦这条主线，作出实质性的贡献。2022年教育工作的总体要求是：（略）

一、坚定不移用习近平新时代中国特色社会主义思想铸魂育人，确保教育领域始终成为坚持党的领导的坚强阵地

1. 学习宣传阐释党的创新理论。（略）

2. 始终把政治建设摆在首位。（略）

……

二、加快完善德智体美劳全面培养的育人体系，促进学生健康成长全面发展

8. 深入推进“双减”。（略）

9. 全面推动学校思政课建设。（略）

……

三、积极回应群众关切，不断促进教育发展成果更多更公平惠及全体人民

15. 推进义务教育优质均衡发展。（略）

16. 统筹推进乡村教育振兴和教育振兴乡村工作。（略）

……

四、全面提升教育服务能力，为构建新发展格局提供坚强支撑

19. 加快培养、引进国家急需的高层次紧缺人才。（略）

20. 支撑高水平科技自立自强。（略）

21. 增强职业教育适应性。引导中职学校多样化发展，培育一批优质中职学校。实施中职、高职办学条件达标工程。稳步发展职业本科教育，支持整合优质高职资源设立一批本科层次职业学校。深化产教融合、校企合作，推动职业教育股份制、混合所有制办学，推动职业教育集团（联盟）实体化运作，支持校企共建“双师型”教师培养培训基地、企业实践基地。印发新版专业简介和一批专业教学标准。推进实施《职业学校学生实习管理规定》，加强实习管理。发展中国特色学徒制，推进岗课赛证综合育人。实施先进制造业现场工程师培养专项计划，加强家政、养老、托育等民生紧缺领域人才培养。积极推动技能型社会建设，大力营造国家重视技能、社会崇尚技能、人人享有技能的社会环境。

22. 提升高等教育服务创新发展能力。（略）

23. 深入推进“双一流”建设。（略）

24. 提高继续教育服务供给能力。（略）

五、深化改革扩大开放，持续为教育发展注入强大动力

25. 深化新时代教育评价改革。（略）

26. 积极稳妥推进考试招生制度改革。（略）

27. 推动区域教育创新发展。（略）

28. 实施教育数字化战略行动。（略）

……

六、把教师作为教育发展的第一资源，打造高素质专业化创新型教师队伍

33. 加强教师思想政治和师德师风建设。（略）

34. 全面夯实教师发展之基。（略）

35. 完善教师管理与待遇保障。（略）

简析

计划类文书正文一般包括前言、主体和结尾3个部分，但工作要点可不写结尾部分。这篇工作要点的主体部分共分6个大项和35个小项，小项序号采用了全文拉通排序的方式。每一个要点写一个自然段，段首为中心句，基本采用动宾结构来表达某一方面的工作目标或任务，如“深化新时代教育评价改革”“积极稳妥推进考试招生制度改革”“推动区域教育创新发展”“实施教育数字化战略行动”等。在中心句之后，提出实现目标的一系列举措，绝大多数句子采用的是“(状语+)动词+宾语”的结构，如“引导……发展”“培育……学校”“实施……工程”“稳步发展……教育”“加强……管理”“实施……计划”等。每项措施按照内在的逻辑顺序进行排列，如先宏观后微观、先重要后次要、先全局后局部。

计划的写作要求

（1）符合政策，实事求是。制订计划必须符合党和国家的方针政策、法律法规，并且要切合本地区、本单位或本人的实际情况，必须实事求是地提出明确的、切实可行的目标、任务、措施和步骤等。

（2）征求意见，集思广益。制订计划不能闭门造车，要深入实际，广泛调查，积极听取群众意见，把计划变成群体的共同意志和共同愿望，凝心聚力，以保证计划的认同度。

（3）表述规范，语言精练。在计划类文书中，经常使用的是动宾结构的短语。定性的目标任务多用动宾结构，如“不断提高财务管理水平”；定量的目标任务多用主谓结构，如“毕业生就业率达到95%以上”。措施办法一般使用动宾结构，如“加强应用基础研究”“强化战略科技力量”等。

（4）规范行文，注意用词。“计划”不是法定公文，某单位如果要发布本单位制订的工作计划、工作要点或发展规划，可以借助通知来印发，上级机关转发下级机关的“计划”用“批转”，不相隶属机关之间借鉴“计划”用“转发”。如需向上级机关呈报，可将“计划”作为“报告”的附件。

微课

计划的写作技巧

三、总结的写作

（一）总结的含义

总结是党政机关、企事业单位、社会团体或个人对以往某个阶段或某个方面的工作进行系统的回顾、检查、分析、评价，从理论上概括经验、教训，获得规律性的认识，以便指导今后工作的一种事务性文书。

（二）总结的种类

总结可以从不同角度进行分类：按性质分，有综合性总结和专题性总结；按内容分，有学习总结、工作总结、思想总结、生产总结等；按范围分，有单位总结、部门总结、科室总结、个人总结等；按时间分，有年度总结、学期总结、季度总结、月份总结等。

（三）总结的特点

1. 实践性

总结是对本单位或写作者自身实践活动的真实反映，应该以客观事实为依据，客观分析情况，解决问题，总结经验和教训，不允许虚构和编造。总结来自实践，它的观点是从实践活动中抽象出来的认识和规律。

2. 理论性

总结的根本目的是通过对实践进行分析，提高认识，把握规律，指导工作。总结就是通过对客观事实材料的整理、比较、分析、归纳，从感性认识上升到理性认识，提炼出正确的观点，总结出成功的经验和失败的教训。

3. 指导性

总结过去，着眼未来。总结可以用来把握事物的规律性，提高对今后工作的预见性和主动性，以便更好地指导今后的实践活动。总结如果不能指导以后的实践，就失去了存在的价值。

（四）总结的写法

总结由标题、正文、落款3个部分组成。

1. 标题

总结的标题须准确、简明，常见的有以下3种形式。

（1）公文式标题，由单位名称、时限、事由和文种构成，如《××大学20××年教学工作总结》。

（2）文章式标题，用一个或多个短语来概括总结的主要内容或基本观点，不出现“总结”字样，但对总结内容有提示作用，如《继承创新扎实工作　促进共青团的事业不断发展》。

（3）正副标题，分别以文章式标题和公文式标题为正副标题，正标题揭示观点或概括内容，副标题点明单位名称、时限、事由和文种，如《抓住本质打造思政“金课”——××教研部20××年工作总结》。

2. 正文

正文包括前言、主体和结尾3个部分。

（1）前言，一般用来简述工作的相关背景、指导思想、概貌和历程等，也可交代总结主旨并作出基本评价，其目的在于让读者对总结有一个整体的印象。总结的目的不同，前言的内容各有侧重：有的侧重介绍取得的成绩，有的侧重概括经验，有的介绍工作的背景和面临的形势，有的侧重相关情况的比较，有的指出存在的问题。不论采用哪种形式，前言都要力求简洁，统领全文。

（2）主体。主体部分主要包括三大块内容，即“成绩与经验”“问题及原因”“下一步努力方向”。

成绩与经验，这是总结的主要内容。这部分要全面、具体地介绍做了什么、怎么做的、做得如何。工作举措和工作成效是基础材料，经验和体会是分析得出的规律性认识。写作时，材料要典型、突出，数据要具体、翔实，做到点面结合、叙议结合。

问题及原因，这部分的详略视具体情况而定。如果是侧重反映问题的总结，这部分内容就需要重点写；如果是侧重反映典型经验的总结，这部分就可以略写或不写。有些总结可以简要陈述存在的问题，并与今后的“努力方向”写在一起，作为总结的结尾部分。

下一步努力方向，这部分要在总结经验教训的基础上，针对学习、工作中存在的不足，提出今后的改进措施或努力方向。这部分内容可以根据写作意图和实际情况，决定详略取舍。有些总结把这部分内容作为结尾部分。

（3）结尾，以归纳呼应主题、指出努力方向、提出改进意见或表示决心、信心等语句作结，要求简短精练。如果主体部分没有指出工作中的缺点或存在的不足，可在结尾部分提及，并写明今后的打算和努力的方向。

3. 落款

如果总结的标题中没有写明总结者或单位名称，就在正文右下方署名署时。如是报纸杂志或简报刊用的交流经验的专题总结，可在标题下方居中署名。

（五）总结的案例分析

××学院20××年工作总结

20××年是极不平凡的一年，一年来，学校坚持以习近平新时代中国特色社会主义思想为指导……聚焦“双高”目标，高起点谋划学校发展蓝图，全面落实立德树人根本任务，以“教学质量提升年”“管理服务创新年”活动为抓手，隆重举行了办学70周年校庆活动，圆满完成××申报工作，学校美誉度和影响力快速提升。

一、坚持以党的政治建设为统领，党对学校工作的全面领导不断加强

（一）强化理论武装，筑牢信念堤坝。（略）

（二）加强党的领导，确保办学方向。（略）

（三）夯实支部堡垒，强化组织建设。（略）

（四）抓牢意识形态，确保安全稳定。（略）

（五）围绕中心大局，加强舆论宣传。（略）

（六）压实主体责任，严防廉政风险。（略）

二、深入贯彻《国家职业教育改革实施方案》，奋力争创“双高”学校

（一）聚焦“双高”目标，加强专业群建设。牢牢牵住人才培养方案“牛鼻子”，学校党委对所有专业的人才培养方案进行审核把关，“五育”并举的教育思想得到深入贯彻。组织学习考察，更新建设理念，提高建设标准，建成“VR虚拟现实开发实训室”等24个实训室和6间智慧教室。优化教学资源空间布局调整，完成时尚设计学院、现代商贸学院资源整合和教学与办公场所建设，教学资源集聚度和利用率明显提高。加大资助和奖励力度，大力推进课程资源建设，新立项建设国家职业教育资源库3个，新获国家级精品在线开放课程认定1门。推动新形态教材建设，获批“十三五”国家级规划教材2部，申报立项省新形态教材3部，遴选资助出版新形态教材3部。组织开展在线教学优质课堂评比活动，评选出“金课”8门、线上教学案例奖获奖者26名。邀请校外专家来校指导教学能力专题培训，全校获得××市教师教学能力比赛奖20项，省微课教学比赛奖5项，省“互联网+教学”“信息化优秀教学案例”6项。

（二）深化培养模式改革，提升人才培养质量。（略）

（三）四方参与共建“马院”，打造思政工作高地。（略）

（四）强化办学质量评价，开展定点集中督导。（略）

（五）不断加强招生宣传，招生就业持续向好。（略）

三、加强交流合作，产教融合协同创新成效明显

（一）开展校企合作“十百千万”工程。（略）

（二）启动产业学院“点靓工程”。（略）

（三）打造合作载体项目“深耕工程”。（略）

（四）深度参与“五个一批”培育工程。（略）

（五）创新校地合作“市域一体工程”。（略）

（六）拓展合作渠道，推进中外合作办学。（略）

（七）凝聚校友力量，隆重举行办学70周年校庆活动。（略）

四、加强干部人才队伍建设，干事创业成为自觉行动

（一）着力加强干部队伍建设，选优配强中层干部。（略）

（二）多措引育高层次人才，提升教师专业素质。（略）

（三）深化人事制度改革，激发教师发展内驱动力。（略）

五、全面落实立德树人根本任务，学生教育管理融合发展

（一）加强思想政治教育。（略）

（二）深入开展学风建设。（略）

（三）全面实施关爱工程。（略）

六、强化责任担当，服务社会能力不断提升

（一）推进成果转化，提升科研实力。（略）

（二）实施精准帮扶，探索职教帮扶新路径。（略）

（三）助力乡村振兴，促进美丽乡村建设。（略）

（四）优化继续教育，提升服务发展水平。（略）

七、搭建桥梁纽带，群团工作展现新作为

（一）认真履职，工会职能作用得到较好发挥。（略）

（二）团学育人，培养青年学生的责任感和使命感。（略）

（三）巾帼建功，引领女教职工积极投入教育教学各项工作。（略）

八、加强服务与创新，办学保障能力不断提升

（一）组建专班，高效推进基础设施建设。（略）

（二）推进不动产产权证，持续做好资产清查报废。（略）

（三）资金保障不断加强，资金结构不断优化。（略）

（四）服务与创新并举，奋力推进预算绩效典型培育单位。（略）

（五）做好图书年鉴信息工作，服务教学科研。（略）

简析

这是某学院的年度工作总结。从文中一级标题来看，旨在总结8个方面工作取得的成效。每个部分从工作措施角度进行总结，即二级标题多使用动宾结构来概括所采取的举措。在二级标题之后，按主次关系列举事实材料予以支撑，采用数据进行说明，以增强说服力，如第二点第（一）小点。这篇总结侧重体现各方面的工作举措，因此多使用动宾结构。如果侧重呈现工作成效，一般需要采用主谓结构来表达，说明“什么怎么样”，如将“深入开展学风建设”改写为“学风建设深入开展”。另外，这篇案例没有分析工作中存在的不足以及下一步的工作打算，若能在结尾部分有所提及，总结就会更全面。

总结的写作要求

（1）构思先行，拟制提纲。构思先行，拟制调研提纲，确定调研范围。在调研中适时调整调研思路和提纲。明确主旨，搭建总结文章结构，拟出大小标题。经过构思，拟定写作提纲后再写作，才能事半功倍。

（2）占有材料，认识规律。充分占有材料，全面掌握情况，是做好总结的首要条件。总结的写作者要广泛调查，收集材料，从客观实际出发，从分析研究事实入手，透过现象看本质，发掘事物的本质特点，找出事物之间的内在联系，找出取得成绩的原因，分析问题的根源，从而认识事物的本质规律。

（3）提炼观点，精心选材。提炼恰如其分的观点，选取有代表性的、最能反映问题本质的典型材料支撑观点，做到点面结合、实事求是。对收集的材料进行分析、鉴别，根据需要进行裁剪，做到观点与材料的有机结合。

（4）虚实结合，总结规律。写好总结的关键在于全面、系统地总结，从理论上进行分析和概括，总结出带有规律性的认识。在写法上采用“虚实结合法”，“虚”指的是总结出的理论观点、工作思路、经验规律等，“实”指的是具体的工作情况、工作成绩等。先虚后实，以虚带实，是撰写总结时常用的一种方法。

（5）语言精当，表达规范。撰写总结可从不同角度组织材料。如果总结工作成效，多用“主谓结构”来表达“什么怎么样”，如“师资队伍建设成效显著”“人才培养质量不断提高”“科研创新能力持续增强”等。如果总结工作措施，多用“动宾结构”来表达“做了什么”“怎么做的”，如“着力做好师资队伍建设”“不断提高人才培养质量”“持续增强科研创新能力”等。

写作实践

1. 请结合自身实际，撰写一篇大学生涯规划，可从思想、学习、社团活动、社会实践、日常生活等方面进行规划。

2. 请结合自身学习或工作实际情况，撰写一篇半年或全年的学习（工作）总结。

3. 请查阅当年政府工作报告，观察政府工作报告对上一年工作回顾和当年重点工作的语言表述，分析总结部分和计划部分在遣词造句方面的差异。

项目三

培养职场基本功

专题一　交际礼仪

任务与目标

交际礼仪是在社会交往中使用频率较高的日常礼节。掌握规范的交际礼仪，能为社会交往创造和谐融洽的气氛，建立、保持、改善人际关系。

想一想：第一次和别人见面时，你会有什么事情需要做？

通过本专题的学习，我们要：

（1）掌握致意礼仪、称呼问候礼仪、握手礼仪、介绍礼仪、名片礼仪的基本知识；

（2）在日常生活中合理运用交际礼仪，应对基本社交场合的人际交往，具备基本社交能力，提升从业能力。

微课

社交礼仪小技巧

一、致意礼仪

致意是一种常用的会面礼节，主要是以简单动作问候他人，通常用于相识的人在各种场合打招呼。

（一）致意礼仪的分类

1. 举手致意

举手致意适用于向距离较远的熟人打招呼。正确做法是一般不出声，只将右臂伸直，掌心朝向对方，轻轻摆动一下。

2. 点头致意

点头致意适用于不宜交谈的场合。正确做法是头微微向下一点，幅度不必太大。

3. 欠身致意

欠身致意多适用于被他人介绍，或是主人向客人奉茶时。正确做法是全身或上身微微前躬，表示对他人的恭敬。

4. 脱帽致意

朋友、熟人见面若戴着有檐的帽子，则以脱帽致意最为适宜。正确做法是，若是朋友、熟人迎面而来，可以只轻掀一下帽子致意。若戴的是无檐帽，就不必脱帽，只需欠身致意，但注意不可以双手插兜。

（二）致意礼仪的注意事项

第一，致意要文雅，一般不要在致意的同时向对方高声叫喊，以免妨碍他人。

第二，遇到对方向自己致意，应以同样的方式向对方致意，毫无反应是失礼的。

第三，遇到地位较高者，不应立即起身向对方致意，而应该在对方的应酬告一段落之后，再上前致意。

第四，在餐厅等场合，若男女双方不十分熟悉，一般男士不必起身走到女士面前去致意，在自己座位上欠身致意即可。

第五，在餐厅等场合，女士如果愿意，可以走到男士的桌前去致意，此时男士应起身协助女士就座。

第六，致意时不可以马虎或满不在乎，必须是认认真真的，以充分显示对对方的尊重。

第七，会议期间，与相识者在同一地点多次见面都可以点头致意。

二、称呼问候礼仪

在与人交际会面时，首先遇到的问题就是如何称呼对方，礼貌恰当的称呼往往是交往成功的开始和前提。如何称呼对方直接关系到彼此的亲疏、了解程度、尊重与否以及个人修养，因此要遵守称呼礼仪的规范。

（一）礼貌敬人

孔子曰："礼者，敬人也。"称呼首先要体现对交往对象的礼貌和尊敬，必须分清尊称和贬称。在我国，称呼中加"老"通常显得亲热，如老同志、老人家等称呼或带有尊敬对待的感情色彩，或表示亲切，是尊称；老东西、老头儿等就带有蔑视对方的感情色彩了，是贬称，若用此类称呼，是极其失礼的行为。

（二）规范恰当

要做到称呼的规范恰当，首先要了解国内外泛称。国际上通常称成年男子为"先生"。国际上对成年女性的通称是"女士"，通常对已婚的女性称"夫人"或"太太"，对未婚的女性称"小姐"。其次，了解国内外专称，包括职衔称、职务称或学位称等。在政务界交往时，除了称呼"先生""女士""夫人"之外，对有官衔的人可称其官衔和职务。

（三）就高不就低

职场上应遵循"就高不就低"的称呼原则。公司的副总经理姓付，称呼他付总经理不妥，易生歧义，"副经理"可能会让人听起来不舒服，因此可以直接称其为"总经理"。

（四）称呼名字

美国交际学家戴尔·卡耐基提醒我们，记住别人的名字，而且能轻易地叫出来等于给了别人一个巧妙而有效的赞美，更容易拉近彼此的距离。如果你想受人欢迎，请记住这条规则：一个人的名字，对这个人来说，是所有语言中最甜蜜、最重要的词语。

三、握手礼仪

握手礼发源于古老的西方。据说，原始社会中，没有敌意的双方为了彼此表示自己的友好，一见面就放下手里的棍棒、石块等武器，并摊开手掌让对方摸摸手心，以表明"我是可以信赖的、友好的、和平的”。后来，摸手心就逐渐演变为现今的握手礼。在绝大部分国家，握手除了表示问候和祝贺外，更传递着信赖、保证、和平与友好的信息，成为世界上最通用的礼节。

握手看似简单，却有着复杂的礼仪规则，传达着丰富的交际信息，因此认真学习握手相关的礼仪知识是十分有必要的。

（一）握手的姿势与力度

握手姿势可总结为如下口诀：

大方伸手，虎口相对；目视对方，面带微笑；

力度七分，男女平等；抖动两（三）下，时间两（三）秒。

具体做法是上身略微前倾，头微低，两足立正，双方伸出右手，彼此之间保持一步左右的距离，双方握着对方的手掌，上下晃动两至三下，并且双目注视对方，面带笑容。

握手时，为了向交往对象表示热情友好，应当稍用力。与亲朋故旧握手时，所用的力量可以稍大一些；而在与异性及初次相识者握手时，则不可用力过猛。

（二）握手的伸手顺序

握手应遵循“尊者决定”的原则。尊者包括女士、年长者、职位高的人、先到者等。如女士与男士握手，应由女士首先伸出手来；年长者与年幼者握手，应由年长者首先伸出手来；上级与下级握手，应由上级首先伸出手来；等等。

一般来说，在社交、休闲场合，握手的伸手顺序主要考虑年纪、性别等因素，年长者、女士为先；公务场合，则更看重身份、职务，地位高者为先。

（三）握手的类型

（1）垂臂式，右手握手，左臂垂下，表示尊敬、郑重，如图3-1所示。

图3-1　垂臂式

（2）抱握式，右手握手，左手从侧面抱住右手，表示感激、祝贺，如图3-2所示。

图3-2　抱握式

（3）拍肩式，右手握手，左手轻拍对方肩膀，表示肯定、鼓励，如图3-3所示。

图3-3　拍肩式

（4）拍臂式，右手握手，左手轻拍对方小臂，表示夸奖、赞誉，如图3-4所示。

图3-4　拍臂式

（5）按握式，右手握手，左手由上往下按握，表示安抚、慰问，如图3-5所示。

图3-5　按握式

（6）背握式，右手握手，左手握拳背于身后，表示自信、年轻，如图3-6所示。

图3-6　背握式

四、介绍礼仪

介绍是人际交往中与他人进行沟通、增进了解、建立联系的最基本、最常规的方式。在人际交往中如能正确地运用介绍礼仪，不仅可以扩大自己的交际范围，广交朋友，而且有助于自我展示、自我宣传，在交往中消除误会，减少麻烦。根据介绍主体的不同，介绍可以分为3种类型。

（一）自我介绍

自我介绍是将本人介绍给他人，自己向别人说明自己的情况。自我介绍需要注意时机，当他人希望结识本人，本人希望结识他人，本人认为有必要令他人了解或认识本人时才是合适的时机。在职场上进行自我介绍时，需要介绍的内容包括本人姓名、供职单位以及具体部门、担任职务和所从事的具体工作。自我介绍还应当把握分寸，要先递名片，再作自我介绍；介绍时力求简洁、时间适当，还应当保持礼貌的态度和真诚的心态。

（二）介绍他人

介绍他人就是为他人作介绍，是第三者为彼此不相识的双方引见的介绍方式。在一般情况下，介绍他人都是双向的，即第三者对被介绍的双方都作一番介绍。

介绍应遵循“尊者有优先知情权”的原则，这一原则的特点是“后来者居上”，即后被介绍者为尊者。具体表现为：先将男士介绍给女士，先将年轻者介绍给年长者，先将职位低的介绍给职位高的，先将主人介绍给客人，先将家人介绍给同事和朋友，先将晚到者介绍给早到者。

（三）集体介绍

集体介绍是指为两个或两个以上的人所作的介绍。在这种情况下，介绍应遵循以下原则。

1. 先少数人，后多数人

若被介绍者的地位、身份不相上下或者难以确定高低，应当让人数较少的一方礼让人数较多的一方。先介绍人数较少的一方或者个人，后介绍人数较多的一方。

2. 尊者居后

若被介绍者在身份、地位之间存在明显差异，则较为尊贵者即便人数较少，依然是后被介绍。

3. 整体介绍

在被介绍者较多而又无须一一介绍的情况下，可采取笼统的方法进行整体介绍。

4. 依次排列

如被介绍的有多方，就需对被介绍的各方进行位次排列。常用的排列依据有：距离介绍者的远近、被介绍单位的规模、被介绍单位的负责人身份。

五、名片礼仪

由于名片印制规范、文字简洁、便于携带、易于保存，且使用方便，所以颇受社会各界人士的欢迎，成为一种自我的“介绍信”和交际的“联谊卡”。

1. 规格

国内通用的名片规格为9cm × 5.5cm；外国人士使用的名片规格为10cm × 6cm；女士专用的名片规格为8cm × 4.5cm。

2. 色彩

名片的色彩讲究淡雅端庄，以白色、乳白色、米色、淡黄色、浅蓝色、深灰色为宜，切忌色彩鲜艳、花哨，更不要使用黑色、红色、粉色、紫色和绿色等有失庄重的颜色。

3. 图案

名片上允许出现的图案包括企业标志、企业蓝图、企业方位、企业主导产品等，越少越好，不提倡名片上出现人像、漫画、花卉、宠物等图像。

4. 字体

名片使用的文字以简体中文为宜，应采用清晰、标准的印刷体，尽量不用行书、草书、篆书或花体字印刷。

5. 名片的使用与收藏

名片是人际交往的财富，我们应当妥善管理，充分运用。随身携带的名片，不论是自己的还是他人的，都应保持干净整洁，所以最好放在专用的名片包或名片夹中，男士也可以将其放在自己的上衣口袋里，但不应该把名片放在裤袋、公文包、抽屉，或随意夹放在书刊里，因为那样既不正式又不方便。对于所收到的名片更应及时、仔细地存放，最好按一定次序分门别类地进行整理、收藏，以备不时之需。

6. 名片交换的礼节

在递送本人名片时，应面带微笑，用右手或双手执名片，注意使名片正面朝着对方，以齐胸高度不紧不慢地递送过去，同时可以说“请多关照”“今后常联系”等。在接收他人名片时，更应体现出对他人的尊重。若对方站立，接受者也应起身，双手或以右手郑重地接过对方名片，并口中称谢；然后，应将对方的名片浏览一遍，有时需要小声读出；最后，应将名片仔细地收在名片夹或上衣口袋内。

以左手接过名片并不看且随手乱放或随意玩弄，以及接过他人名片却不递送自己的名片，都是非常失礼的。在自己没有名片时，可以婉言“对不起，我的名片刚用完”或“抱歉，今天没有带名片”等。

礼仪实践

1. 分组练习握手礼仪。
2. 分组讨论名片制作规范，并制作个人名片。

专题二 日常沟通技巧

任务与目标

日常沟通能力是人们在工作和生活中取得成功所必需的一项基本能力，有效的日常沟通是建立融洽的人际关系的基础。本专题将介绍日常沟通的原则和技巧，帮助你养成良好的日常沟通习惯，进而为更好、更快地适应职场做好准备。

通过本专题的学习，我们要：

（1）掌握在日常沟通中，恰当地运用打招呼技巧来建立良好的社交形象；

（2）掌握倾听的原则并合理运用倾听技巧，培养倾听的习惯和能力；

（3）学习在日常沟通中运用说服策略。

一、打招呼

（一）打招呼的含义及功能

打招呼是用语言或动作表示问候的一种日常沟通方式。招呼语一般由称呼语和问候语组成。称呼语是人们在日常交往中用来指称他人和自己的词语。问候语是人们在社交时以问候的方式表达意义、联络情感的言语。

恰当地打招呼是日常沟通的“敲门砖”，不仅反映了自身的教养、交际双方的社会角色，而且表达了对对方的尊敬，体现了良好的社会风尚。

在国际交往日益频繁的今天，我们会面临诸多跨文化沟通场景。在跨文化沟通中，我们要尊重对方的言语习惯，恰当地打招呼。

文化小贴士

中西方交际礼仪的差异

（二）打招呼的方式

在日常交际中，我们可以根据不同的语境，灵活选择打招呼的方式。

1. 问候型

在非正式沟通场合中，与招呼对象关系比较密切时，招呼语可以比较随意，如用“嗨！”“你好！”“上哪儿？”“干吗去？”等语句表达问候。在比较正式的场合，如与招呼对象存在上下级关系时，要选择比较庄重、严肃的招呼语，常用“您好！”。

2. 称谓型

称谓型招呼是指用称谓的形式与对方打招呼，这是中国传统的打招呼方式，含有问好的意味，显得亲切、自然，能迅速拉近与对方的距离，进入实质性的交际活动。称呼问候礼仪详见本项目专题一。

3. 体态型

体态型招呼，指用微笑、点头、招手等肢体语言打招呼。这种方式缩短了打招呼的过程，也避免了陌生人之间打招呼的尴尬，与现代社会生活的快节奏相适应。

4. 调侃型

调侃型招呼，指同级、同辈、相同年龄段或关系比较亲密的人们之间用善意的调侃开启交际活动的打招呼方式，有助于建立融洽的人际关系，打造轻松、愉悦的交际氛围。

（三）打招呼的话题

打招呼的话题具有开放性，根据不同的招呼情景展开，涉及人们生活的方方面面。

1. 以日常生活状态为话题

常用疑问句直接询问对方的健康、工作、生活、学习等近况，以表达友好和关爱，如“身体好吗？”“工作怎么样？”“吃了吗？”“学习如何？”等。

2. 以天气为话题

见面时直接用感叹句或陈述句描述天气状态。遇到以下两种情况时，中国人往往选择这种打招呼方式：一是最近出现了反常天气，如太热、太冷、风太大等；二是陌生人之间没有合适的招呼语。

3. 以对方正在做的事为话题

看到对方正在做某事，用明知故问的方式询问某事，如“你们上课呀？”“吃着呢？”。此话题需要在“正在做某事”的真实语境中进行，有较强的依赖性。

（四）打招呼的原则

1. 招呼语要恰当，避免误解

如果理解招呼语时捕捉到的信息与说话者所传递的信息不等，就会出现信息差，产生误解。如“小姐”一词，曾是对未婚妇女或少女的尊称，是气质和身份的象征，但有的地区把从事色情行业的女性也称为“小姐”。因此，很多年轻女性对这样的招呼语有排斥心理，使用“小姐”作招呼语会造成话语理解中的信息误差，导致尴尬的局面。

2. 招呼语要适应特定的场合

场合对招呼语具有一定的制约作用，也就是说，在什么场合用什么样的招呼语开启谈话有特殊的规定。如大学校园中，只要其身份是学生，无论年龄，都可称为“同学”；老师之间，无论年长、年少都可称呼对方为“老师”。“欢迎光临”可以在饭店、商场等场合使用，但绝不可在医院使用。

3. 招呼语要适应特定的对象

要根据交际对象的身份，选择不同的招呼语。对老师、长辈、上级要用比较庄重严肃的招呼语，如“您好！”。“你好！”显得不够重视和尊重，不建议使用。平辈、同事、朋友、同学之间则可运用轻松、简单的招呼语如“你好！”，也可用无主句“嗨！”“早啊！”。如用“您好”，则给人敬而远之的感觉。

4. 招呼语要适应特定的文化心理

中国人多含蓄持重，一般情况下，不习惯主动与陌生人打招呼，初次见面打招呼时常用体态语或简单的问候语。多数中国人比较重视社会身份和社会地位，为了表示对他人身份的尊重，见面打招呼时常用职务称谓或职业称谓，如“李处长”“张局长”；如果对方是副职，人们会有意忽略“副”字。

文化小贴士

古人打招呼的学问

二、倾听

（一）倾听的含义

国际倾听协会是这样给倾听定义的：倾听是接收口头信息和非语言信息，确定其含义和对此做出反应的过程。也就是说，仅仅用耳朵倾听是远远不够的，还需要全身上下积极配合，用眼观察、用嘴提问、用脑思考、用心理解，共同捕捉和解读对方传达的信息。换句话说，倾听是对信息进行积极主动搜寻并理解其思想和情感的行为。

微课

怎样有效倾听

（二）倾听的作用

倾听是建立和保持良好人际关系的重要技能。倾听可以表达对他人的尊重，引导对方深入沟通；可以获取重要的信息，更好地接收对方的思想和观点，提高沟通效率；可以帮助我们克服以自我为中心的弊病，避免与说话者的正面冲撞。总之，积极的和反思性的倾听可以有效提高沟通效率，帮助我们获得生活和职场中的成功。

（三）倾听的过程

1. 预测与准备

倾听者在倾听之前要根据以往的经验预测说话者想要传递的信息，提前做好准备，发出倾听的信号，引导沟通朝着自己期望的方向发展。

2. 感知与获取

倾听者要调动听觉系统、视觉系统、感觉系统，对说话者传递的信息（语言沟通信息和非语言沟通信息）进行全方位的感知和理解。

3. 关注与选择

倾听者倾听时，要把关注点放在自己认为重要或者感兴趣的信息上。在接收的基础上，准备倾听与自己不同的意见、观点，在此过程中要注意站在对方的角度去看待问题。

4. 采取积极的倾听行为

采取积极的倾听行为包括在倾听过程中注意与说话者进行眼神的交流，采用适宜的体态，给予对方尊重并鼓励对方继续说下去。

5. 理解或解释

倾听者积极解码信息内容，尽力理解说话者的全部信息。对于在沟通过程中没有听清楚、没有理解的信息，要及时告知对方，请对方重复或者解释。

6. 反馈

倾听者要积极反馈，以更加准确地理解和评价信息。反馈的类型包括：赞扬，以表达尊重与鼓励；分析，以明确并评估观点；询问，以获得更多信息；重复，以核实信息；忽略，以避免冲突等。

（四）倾听常见的问题

1. 倾听环境存在的问题

倾听的环境问题主要表现在以下几个方面。一是环境干扰信息的传递，引起信息歪曲、削弱或造成信息在传递过程中的损失。如环境中存在较强的噪声干扰时可能造成上述沟通问题。二是环境影响了倾听者的感受和情绪。如环境气氛剑拔弩张，给倾听者以较大压力，导致倾听者焦虑，无法长时间集中精力或完全理解说话者传递的信息内容。

2. 倾听者存在的问题

倾听者对沟通的态度和理解能力直接影响着倾听的效果。倾听者存在的问题主要表现在：一是倾听者自身知识水平有限，理解及接受能力较差，因“听不懂”而造成沟通障碍；二是倾听者存在排斥、厌倦的心态，或对说话者存在偏见，倾听时心猿意马，因“听不进去”而造成沟通障碍；三是倾听者不恰当的肢体语言，如眼神飘忽不定，东张西望，手不时敲击桌面，双手抱胸或叉腰等，让说话者觉得不受尊重而造成沟通障碍。

3. 说话者存在的问题

说话者的态度与能力也会对倾听效果产生直接影响。说话者存在的问题主要表现在：一是说话者信息编码能力有限，不善于表达，不能准确传递有效信息；二是说话者存在对抗态度或不良情绪，影响倾听者的心情和状态，造成沟通障碍。

（五）有效倾听的策略

1. 营造良好的倾听环境

选择安静平和的沟通环境，创设轻松的沟通氛围，避免环境中的噪声污染，使说话者和倾听者都处于身心放松的状态。

2. 倾听者要善于发现问题并克服障碍

倾听者要分析自己在信息的接收和解码过程中是否存在问题，是否有因不够专心而错过重要信息或者粗心大意记错信息的情况。

要克服倾听障碍，倾听者可以从以下几点入手：一是认真倾听全部内容，并做好笔记；二是消除成见、克服思维定式，客观地理解和评价信息；三是积极预设，站在对方的角度考虑，结合对方的背景和经历全面理解对方传递的信息；四是存在模糊或不确定的理解判定时，要及时与说话者核对信息，反馈自己的理解。

3. 倾听者要改善倾听效果

（1）认真倾听

倾听不仅要做到“耳到”，还要做到“眼到”“心到”“脑到”。倾听内容既包含说话者的语言沟通信息，又包含说话者的非语言沟通信息，特别注意倾听弦外之音，注意语气、语调、肢体动作等，全方位接收说话者发出的沟通信息。

（2）采用适宜的体态倾听

倾听者要采用适宜、积极的倾听体态，以体现自己对说话者的尊重，并鼓励说话者继续话题。适宜的体态包括：直接面对说话者，身体前倾；与说话者眼神接触，展现真诚，但不要一动不动地盯着说话者，否则容易引起说话者的紧张和焦虑；采取开放的态度，聚精会神地接收全部信息；当说话者情绪低落时，要用温和的语气帮助说话者缓解压力，调节情绪。

（3）及时回应

倾听者及时回应的方式主要有：展现自己对说话者所传递信息内容的兴趣，鼓励对方深入阐述、探讨；以发问的形式了解说话者的感受和想法；通过表述自己的观点、评价来回应。

（4）体察对方情绪

倾听者要关注说话者情绪的变化并询问其感受，让对方体会到自己的尊重和关心，使对方处于良好的情绪状态，保证沟通顺利进行。

（5）不要随意打断对方谈话

倾听者要认真倾听，不要随意打断对方的谈话，把对方的话听完，不要提前预设谈话的结束时间和发展方向。这样做既可体现对对方的尊重，又可以保证信息传递的完整性，使倾听者的解码更加客观、全面和准确。

（6）保持良好的情绪状态

倾听者要保证自己始终处于良好的情绪之中，对事不对人，要表现出与对方谈话的兴趣，使沟通在轻松、开放的氛围中顺利展开。

4. 倾听中的建设性反馈策略

倾听中的建设性反馈是指当说话者传递的信息没有达到预期结果，信息存在错误或信息没有准确传递时，倾听者通过提出建设性意见，引导说话者发现问题所在并积极改正的一种反馈方式。

首先，倾听者要积极地表达自己沟通的意图，表明自己对对方的尊重并且申明双方共同的沟通目标，从而让对方放下戒心，听取反馈建议。

其次，倾听者在描述问题时，要注意对事不对人，注意说话的语气和措辞，切忌伤害到对方的自尊心。

再次，倾听者应描述事实而不是一味地评价观点，要尽可能地使用数字等客观的论据说服对方。建设性反馈要言简意赅，使用具体简明的描述方式。

最后，倾听者要客观、冷静地提醒正处于焦躁情绪之中的说话者，时刻提醒说话者从共同目标出发，解决问题，而不只是宣泄情绪。

总之，倾听者要把握分寸、点到为止，切不可使用批评的语气和主观的评价，而要尽量客观、平和地描述问题，积极地给予鼓励，共同寻找解决问题的途径。

三、说服

（一）说服的含义

说服是信息传递者即说服者将意见和建议作为信息内容编码后传递给信息接收者，希望信息接收者理解并接受自己观点的沟通过程。需要注意的是，信息接收者即被说服者在说服过程中是能够自由选择的，而不是被迫接受。

（二）说服的构成要素

1. 说服的信息传递者

说服成功与否与信息传递者关系密切。信息传递者越具有权威性，说服水平越高，则其意见和建议越有可信度，越容易说服成功。

2. 说服的信息内容

说服信息所倡导的态度与被说服者原有态度之间的差距，说服信息是否会唤起被说服者的恐惧感，说服信息涉及的证据是否充分、生动，说服信息的呈现方式等要素都会对说服结果产生直接影响。

3. 说服的信息渠道

信息渠道即信息的传递方式，通常来说，说服信息较为简单时，面对面的交流最有效。然而对于复杂难懂的信息，或是较为正式、重要的说服信息，以书面文字为媒介则更为有效。在说服问题无关紧要或沟通双方比较陌生时，使用大众传媒作为信息渠道较为有效。

4. 说服的信息接收者

在信息接收者年龄、认知力、理解力、态度等特质的影响下，说服信息激发的个体思维反应方式也存在差异。此外，信息接收者的可说服性、自尊水平、情绪状态等都会影响说服的结果。

（三）说服的原则

1. 好感原则

喜欢与欣赏自己、对自己有好感的人沟通是人的天性，因此增强被说服者对自己的好感是提升说服力的有效途径。有关的研究证明：真心诚意的关注、发现并表现自己与被说服者的相似性和由衷的赞美是产生好感的重要因素。

2. 互惠原则

当别人给予你某种可知的价值时，你会想回馈对方，这就是“互惠原则”，是人与生俱来的一种行为模式。罗伯特·B. 西奥迪尼是全球知名的说服术与影响力研究的权威人士，他在《影响力》一书中说："互惠首先要彼此心甘情愿，其次是利他利己，最后是双方都很满意，乐意去效劳。所以互惠必须是利他利己的，是没有利益冲突的。"在互惠的基础上，人们更容易被说服。

3. 社会影响力原则

追求社会中的存在感和归属感、社会认同感是人的天性。一般来说，大众对某一个人的认同程度决定了他在整个群体中的影响力，影响力大的人通常在说服别人时也容易获得成功。

4. 权威原则

人们总是相信并愿意听从专家的意见。正所谓"人微言轻，人贵言重"，说的就是这个道理。权威效应是一种普遍存在的社会心理现象。在说服过程中，恰当地运用积极的权威效应可以有效地增强说服力。

（四）说服策略

1. 引导性说服

引导性说服即给予被说服者最直接、最正确、最有效的引导，以实现沟通目的。主要的引导性说服方式有提示引导、提问引导和选择引导3种。

（1）提示引导

提示引导是指多用肯定的词句，特别要使用能够激发被说服者采取行动的字眼，然后用类似"随即""同时""而且"等连词，引导被说服者的注意力和思考内容顺应说服者的思路展开，最终达成说服目的。

这种引导方式给人以顺畅的感觉，无形之中降低了被说服者的抗拒程度。但需要注意，提示引导过程中要少用否定句，不用反问句，以免引起被说服者的负面情绪和心理防卫。

（2）提问引导

提问引导是用发问的方式，使被说服者卸下防备，引导被说服者思考，自我排除疑虑，自己找出答案，从而实现说服目的。提问可以获得良好的双向沟通效果，但需注意在设计问题时，尽量以"开放式问题"为主，让决定权掌握在被说服人手里。

（3）选择引导

选择引导是指提供选项，让被说服者作出选择。选择引导的方式会让被说服者感觉有自主权，使沟通更有效果。但需注意，选择引导要讲究时机，通常是在进入最后的决定阶段，被说服者已经对你的说服建议产生兴趣时使用。

2. 解释性说服

解释性说服是说服者进行一系列的解释说明，在与被说服者不断深化的沟通中达到说服目的。说服者可以通过摆事实、讲道理，运用理性或逻辑的力量来解释、分析出现问题的原因和可能导致的结果，使用"理性分析"的解释性说服方式引导被说服者深入思考，达到说服的目的。说服者也可以营造某种气氛，使用感情色彩强烈的言辞或用自己的亲身经历来感染对方，使用"感性分析"的解释性说服方式以谋求特定的说服效果。

3. 压迫性说服

压迫性说服是说服者通过制造压力或渲染氛围，使被说服者从对抗式解读转向妥协式解读，甚至是同向解读的说服策略。需要注意的是，压迫性说服是让被说服者感受到压力，可以在短时间内起到说服的效果。一旦被说服者从压力氛围中解放出来，经过理性的思考之后，可能会重新审视自己的行为，便有可能对说服者形成负面评价。因此，压迫性说服是一种使被说服者被动接受的说服方式，需谨慎使用。

沟通实践

小刘刚办完一项业务回到公司，就被主管马林叫到了他的办公室。

“小刘，今天业务办得顺利吗？”

“非常顺利，马主管。”小刘兴奋地说，“我花了很多时间向客户解释我们公司产品的性能，让他们了解到我们的产品是最合适的，而且在别家再也拿不到这么合理的价钱了，因此很顺利就把公司的机器推销出一百台。”

“不错。”马林赞许地说，“但是，你完全了解了客户的情况了吗？你知道我们部的业绩是和推销出去的产品数量密切相关，如果他们再把货退回来，对于我们的士气打击会很大，你对于那家公司的情况真的完全调查清楚了吗？”

“调查清楚了呀，”小刘兴奋的表情消失了，取而代之的是失望的表情，“我先在网上了解到他们需要供货的消息，又向朋友了解了他们公司的情况，然后才打电话到他们公司去联系的，而且我是通过你批准才去的呀！”

“别激动嘛，小刘，”马林讪讪地说，“我只是出于对你的关心才多问几句的。”

“关心？”小刘不满道，“你是对我不放心才对吧！”

（案例根据网络材料整理）

1. 请分析上述案例中主管马林与下属小刘沟通中存在的问题。
2. 二人如何沟通才能达到良好的效果，对此你有什么建议？

专题三　新闻与简报写作

任务与目标

工作中有好的做法、好的经验，如何去推广，从而扩大影响力呢？我们可以用新闻去宣传，可以撰写简报去沟通交流。哪些工作可以采用新闻去报道，哪些工作适合用简报去汇报交流呢？

通过本专题的学习，我们要：

（1）了解新闻的结构，掌握新闻各部分的写法；

（2）了解简报的含义和特点，掌握简报的常用写作技巧。

一、新闻的写作

我们每天都在通过各类媒体获取新闻资讯。在自媒体时代，我们也是新闻的写作主体。

掌握新闻写作的基本方法，充分利用各种信息平台，对做好宣传工作将起到很大的推动作用。

（一）新闻的含义

新闻是报社、通讯社、广播电台、电视台、互联网等新闻机构和媒体对当前政治事件或社会事件所做的报道，形式有消息、通讯、特写、调查报告、新闻图片、电视新闻、新闻评论等。

从发布的媒介看，新闻还可分为传统媒体新闻与新媒体新闻。新媒体是相对于传统媒体而言的，是继报刊、广播、电视等传统媒体之后发展起来的新的媒体形态，是利用数字技术、网络技术、移动技术，通过互联网、无线通信网、卫星等渠道以及计算机、手机、数字电视机等终端，向用户提供信息和娱乐服务的传播形态和媒体形态。

（二）新闻的特点

新闻具有真实性、时效性、思想性和简短性等特点。

1. 真实性

真实性是新闻的灵魂和生命，是撰写新闻的基本原则。新闻是一种客观存在的事实，这是它区别于文学作品的最基本特征。当然，强调新闻的真实性，并不排斥新闻写作中必要的议论，只是这些议论不能空泛，要恰到好处。

2. 时效性

时效性是新闻的价值体现。新闻要及时报道新情况、新经验、新问题，给人以新意、新信息。事件发生与新闻发表之间的时间差越小越好。新闻一旦过时，就会变成“旧闻”。

3. 思想性

事实是客观存在的，要成为新闻就要由写作者来选择、整理和传播，写作者对所报道的事实抱有一定的观点、态度和倾向，这就体现出新闻的思想性。新闻评论更富有思想性。

4. 简短性

发布新闻的目的就是将信息传播出去，让更多的人及时了解新闻事件。由于受众广泛，要想使新闻更容易被大众理解和认可，就要使用简洁的语言摆出事实，讲明道理。

从新媒体新闻角度来看，新媒体新闻还具有即时性、信息数量大、信息传递迅速、信息发布便捷、信息交流具有互动性且多感官并用等特点。

（三）新闻的要素和结构

1. 新闻六大要素

新闻的基本要素与记叙文的六大要素是一致的。新闻的六大要素，被人们称为“5W+1H”，即谁（Who）、何时（When）、何地（Where）、何事（What）、为何（Why）、过程如何（How）；换一种说法，也就是人物、时间、地点、事件、原因和发生过程。撰写新闻时，导语部分一般要包括这六大要素，这样有利于读者迅速把握新闻的主要内容，提高阅读效率。

微课

新闻的写法

2. 新闻的结构

新闻的结构多样，常用的有以下3种。

（1）倒金字塔结构。这种结构是以事实的重要程度或者受众的关心程度依次降低的次序来安排段落，把最重要的内容写在前面，把次要的内容写在后面。倒金字塔结构的新闻有利于读者迅速掌握全文的精华，满足读者尽快获知最新消息的心理预期。

（2）金字塔结构。这种结构也叫时间顺序结构，按照时间顺序来安排新闻材料，事实如何发生就如何写。这种结构叙事条理清晰，现场感强，适合写故事性强、以情节取胜的新闻。有很多会议新闻就采用金字塔结构，方便读者了解会议的进展。

（3）并列结构。这种结构也称平行结构，对同一个主题从不同的侧面进行反映，有利于读者从多角度来了解新闻事实。这种结构比较适合写多主题的内容，便于呈现并列、递进等逻辑关系，新闻的容量大。

（四）新闻的写法

新闻中以消息居多，所以下面介绍消息的写作。一则消息一般由标题、导语、主体、结尾和背景材料等部分组成。

（1）标题。各大纸质媒体采用的新闻标题形式多样，有正题、引题和副题等，而网络媒体则以单标题居多。采用单标题还是双标题，可根据发布新闻的载体来决定。

扫码看资料

新闻导语的几种写法

（2）导语。导语是新闻开头的第一句话或者第一段话，用简练的文字将新闻中最重要、最新鲜的事实概括地反映出来，给读者以强烈的印象，并吸引读者读完全文。

（3）主体。主体部分是消息的重要组成部分，是对导语的进一步深化和解释，可以补充导语没有涉及的一些新闻事实。主体部分需合理安排写作顺序，根据新闻事件的性质和特点选择适宜的写作顺序，如以时间为序、以重要程度为序、以逻辑关系为序（点面、因果、递进等）。

（4）结尾。新闻的结尾写法灵活，可采用自然结尾、概括结尾、展望结尾、议论结尾等形式，应简短有力。结尾部分不是新闻必需的内容，但好的结尾可以突出和深化主题。

（5）背景材料。背景材料主要用来交代新闻事件中的主要人物、活动背景以及历史情况等，帮助烘托和深化主题，加深读者的理解。背景材料在消息中位置灵活，可以独立成段，也可以穿插于导语、主体或结尾之中。当然，不是每一则新闻都需要写背景材料。

新闻的写作要求

在新媒体时代、自媒体时代，撰写新闻不只是记者的工作。学校可以运用新闻来宣传人才培养的做法和成效，企业常用新闻来宣传产品、树立品牌形象，党政机关可以使用新闻来宣传工作、服务群众。从事新闻写作，需要注意以下要求。

（1）注意人称，客观报道。新闻一般采用第三人称来写作（社论、评论类除外），进行客观报道。写作者应采用冷静的叙述语气，而不要把自己的感情揉进去，客观叙述，说服力才强。

（2）找准角度，挖掘价值。读者要从新闻中获取有价值的信息，就需要写作者找准角度，合理利用新闻材料，可以从切入点、相关点、价值点、利益点、新奇点等视角入手挖掘新闻事件的价值。有些新闻事实，在不同的时期、不同的空间，其价值会发生一定的变化，写作者在撰写新闻时，就需要努力挖掘新闻事实的价值。

（3）善用背景，提高质量。新闻的背景是帮助读者理解新闻事实的重要材料。背景材料有说明性背景材料、对比性背景材料、注释性背景材料等。说明性背景材料是用来说明和解释新闻事实产生的原因、条件和环境的材料，以方便读者理清新闻事实的来龙去脉。对比性背景材料是能与所报道新闻事实形成前后、正反等对比的材料，通过对比来衬托出新闻事实本身的意义、价值等。注释性背景材料是对新闻中的专业术语、历史典故、产品性能，以及其他不易被读者所理解的知识性问题进行解释的材料。用好背景材料，可以提高新闻的质量，使新闻事实更容易被读者理解。

二、简报的写作

（一）简报的含义

简报是各级各类机关、企事业单位及社会团体用来反映情况、汇报工作、交流经验、沟通信息的一种内部事务性文书。根据内容性质不同，简报又可分为“动态”“简讯”“要情”“摘报”“工作通讯”“情况反映”“内部参考”“会议简报”等。

简报可以上行，向上级部门报告工作情况、反映存在的问题等；也可平行，发送给同级部门，互通情况、交流信息；还可下行，向下级部门推广经验、指导工作等。在编写之前，需要初步确定简发的发送范围，以便针对不同的对象、根据不同的目的，在内容上有所侧重。

（二）简报的种类

简报的种类繁多：按版期来分，有定期简报和不定期简报；按内容分，有工作简报、会议简报、动态简报等；按性质分，有综合简报和专题简报。下面介绍几种常用的简报。

1. 工作简报

工作简报是机关、社会团体、企业用来反映工作进展情况的简报。工作简报可以介绍经验做法、工作成效，以及上级指示精神的贯彻落实情况等，也可以反映工作中出现的新问题。

2. 会议简报

会议简报是会议期间反映会议情况的简报，内容包括会议举办情况、领导讲话、代表发言及会议决定等。规模较大、时间较长的会议常要编发多期简报，以起到及时交流情况、推动会议进程的作用。会议简报的时间性强，随着会议的开始而开始，随着会议的结束而结束。

3. 动态简报

动态简报包括情况动态和思想动态，用于反映单位人员思想状况、业务动向、重大事件等方面的情况。这类简报的时效性、机密性较强，要求迅速编发，发送范围有一定限制，在某一时期、某一阶段要保密。

（三）简报的特点

1. 篇幅简短

简报具有简明、简练、简要的特点，内容集中，篇幅短小，评议简洁，便于快速阅读、了解和掌握情况。

2. 时效性强

简报的时效性强，失去时效就会失去意义。简报要求传递信息快，反应迅速及时。简报发挥作用的大小，与它传递信息的快慢是成正比的。发现新情况、新问题，要及时编写简报上报，以便领导掌握新动态，不失时机地指导工作。

3. 内容出新

简报反映的都是工作中出现的新情况、新问题、新经验、新成果等，内容要给人以新的感受、新的思考和新的启示。

4. 选材精当

简报不是大而全的综合总结，反映情况时要选取具有代表性和典型性的材料，选取与国家的方针政策和当前中心工作密切相关的情况和问题，以便推动工作。

（四）简报的写法

在事务文书中，简报是一种格式比较特殊的内部文件。简报由报头、报核和报尾3部分组成。报核是简报的主体内容，下面介绍报核各部分的写法。

报核，即简报所刊的一篇或多篇文章。报核一般由标题、正文（导语、主体、结尾）等部分组成，写法多种多样。

1. 标题

拟定标题可借鉴新闻标题的写法，力求揭示主旨，简短醒目。消息类简报的标题类似新闻的标题，经验做法类简报的标题类似总结的标题。

重要的简报，有时需在标题前面加编者按语。按语是编发单位引导读者理解简报内容、了解编者意图而写的提示语。如果简报中有多篇文章，还可在简报首页编制目录。

2. 正文

消息性的简报，其正文写法类似于新闻的写法，一般由导语、主体和结尾3部分组成。经验或典型做法类的简报，一般由前言和主体组成，结尾不是必需的内容。

（1）导语。导语通常用一句话或一段话概括全文内容，简要交代时间、地点、事件、原因和结果等，给读者一个总体印象。导语的写法多种多样，有直叙式、提问式、结论式、描写式等。

（2）主体。主体部分要用足够的、典型的、有说服力的材料，把导语的内容加以具体化。主体的写法多种多样。

若是工作简报，撰写之前，首先要搞清楚成文后是上行、平行还是下行。行文方向不同，撰写的侧重点就不同。上行的简报主要用于反映情况、汇报工作，重点写明开展什么工作、遇到什么问题、采取什么措施、取得什么效果、下一步工作打算等。平行的简报主要用于不相隶属机关沟通情况、交流信息，应从推广宣传的角度来组织材料。下行的简报主要用于指导工作，多以总结经验教训为主。工作简报大多采用总分式结构，在导语部分总体概括，在主体部分分条写明所做的工作、取得的成绩、获得的经验、存在的问题等；也可采用列小标题的形式来总结经验，每个小标题统领一部分内容，按并列结构来安排各部分内容。

若是会议简报，主体部分可采用新闻的写法。会议简报的主要内容包括会议概况、进展情况、会议报告、会议讲话、会议效果，以及与会者对会议的愿望、见解、建议、评价等。

若是动态简报，主体部分紧紧抓住最新的问题、事物、苗头、倾向等进行反馈，务求发现快、反应快、成文快、递送快。

（3）结尾。简报的结尾多采用新闻的写法，用于指明事情的发展趋势，或提出希望及今后打算。如果主体部分已经把事情说清楚，可不写结尾。

（五）简报的案例分析

天津市大力发展现代职业教育 助力经济高质量发展

教育部简报〔2021〕第46期

天津市认真学习贯彻习近平总书记关于职业教育工作的重要指示精神，深入落实全国职业教育大会部署，坚持立德树人、德技并修，大力推进职业教育育人方式、办学模式、管理体系、保障机制等改革创新，加快建设现代职业教育体系，努力培养更多高素质技术技能人才，为经济高质量发展提供更加有力的人才和技能支撑。

加大政策供给添活力。（略）

服务国家需求展作为。紧密对接战略性新兴产业、先进制造业和现代服务业等人才需求，持续优化专业结构布局，聚焦人工智能、生物医药、新能源新材料等重点领域，设置相关专业点665个，实现高职19个大类专业设置全覆盖。积极服务京津冀协同发展，构建共研、共建、共用、共享、共赢“五共机制”，推动政、行、企、校、研“五方携手”，搭建产教对接平台12个，将三地职业教育合作不断引向深入。主动服务雄安新区建设，与雄安新区管委会签署合作协议，成立津雄职业教育发展联盟，建设天津职业大学雄安新区培训基地，成立天津市第一商业学校雄县分校，努力为雄安新区高质量发展培养高素质技术技能人才。深入开展职教帮扶，与新疆、西藏、青海、甘肃、宁夏等省（区、市）签署14项帮扶协作协议，组织54所职业院校对11个省（区、市）、27个州县开展帮扶，开展管理干部、职教师资培训1.1万余人次，探索构建“区域系统援建、品牌整体输出、专业结对共建、师资轮岗培训、学生订制培养”的职业教育帮扶模式。实施标准化教授、定制化传授、岗位化实授、转岗化精授、跟踪化讲授等“五授”，为助力乡村振兴贡献职教力量。

推进产教融合创新局。实施职业院校提升办学能力建设项目，“十三五”期间专项投入超过20亿元，重点打造117个紧贴产业发展、校企深度合作、社会认可度高的骨干专业。建设科研创新平台，构建区域职业教育“两院四中心”科研体系和平台，已立项政策研制及产业研究重大项目10项，为深化产教融合提供理论支撑。海河教育园区10所职业院校设置专业近300个，建设航天航空、装备制造、生物工程、电子信息、航运物流等优势专业组群。探索混合所有制改革试点，支持高职学院与行业企业合作，共建产业学院，吸引一批行业技术工程中心和企业文化体验中心落户职业院校。联合有关行业企业，成立电子信息、生物医药、养老幼教等7个市级行业职业教育教学指导委员会，组建升级28个产教融合职教集团，其中6个入选国家示范性职业教育集团（联盟）培育单位。推动一批职业院校与4000余家国内外知名企业在岗位实习、订单培养、联合开发技能培训包、共建实训基地等方面开展深度合作，努力推动形成产教良性互动、校企优势互补的发展格局。

深化教学改革提质量。（略）

创设“鲁班工坊”塑品牌。（略）

简析

这是一篇经验做法类简报，从文章结构来看，采用了总分式结构。主体部分每一段都采用了虚实结合法，段首第一句为“虚”，是对某部分工作的认识、看法和观点，后面为“实”，是具体的材料，如情况、事例、数据等。行文时，先虚后实，以虚带实，是简报常用的写法。每段的具体内容采用了定性分析与定量分析相结合的写法。没有定性分析，事物的性质不明；没有定量分析，定性分析则缺乏说服力。这篇简报综合运用了多种写作方法，展现了天津市大力发展现代职业教育，助力经济高质量发展的措施和成效。

简报的写作要求

（1）选材要真，实事求是。撰写简报要实事求是，客观、公正、如实地反映情况，给上级机关提供正确决策和指导工作的依据。

（2）语言精练，结构要简。“简”是简报的主要特点之一。语言精练，开门见山，直陈其事；结构要简，层次清晰，脉络分明。

（3）眼疾手快，编发及时。简报贵在及时，善于捕捉信息，快速成文，否则就失去简报特有的功能和作用。编发及时，不失时机，才能提高信息的有效性。

扫码看资料

经验类简报的写作技巧

写作实践

1. 请就你身边近期发生的一件事撰写一篇新闻。

2. 请访问你所在学校的官网或微信公众号，搜集近期发布的会议新闻、活动新闻，分析其文章结构，评价其写作的优缺点。

3. 假设你所在单位在某一方面经过长期的工作实践，不断创新，取得了很好的成绩，一些措施和做法值得凝结为一篇简报去推广，请你结合实际撰写一篇简报。

项目四
培养就业竞争力

专题一　求职礼仪

任务与目标

美国职业学家罗尔斯曾说："求职成功是一门高深的学问。"求职者除了要具备良好的专业素养外，掌握求职的礼仪更是非常必要的，有时这些礼仪甚至会起到举足轻重的作用。

通过本专题的学习，我们要：

（1）了解礼仪在求职中的重要作用；

（2）熟悉并掌握求职过程中的礼仪规范；

（3）能在求职过程中自如地展示自我。

求职礼仪是指求职者在求职过程中与招聘者接触时应具有的礼貌行为和应遵守的仪表形态规范。它通过求职者的应聘资料、语言、仪态、仪表等方面体现。从求职的过程来看，求职礼仪可分为求职前的礼仪、求职中的礼仪和求职后的礼仪。

一、求职前的礼仪

机会总是青睐那些有准备的人，求职前的每项准备工作都应该慎重对待，这样求职过程才会更加顺利。

微课

面试礼仪小技巧

（一）获取招聘信息

搜集招聘相关信息，便于在下一步应聘过程中更好地与招聘者沟通，充分显示自己的诚意。搜集招聘信息的渠道很多，可以通过网络，也可以通过电话等。

（二）个人形象准备

得体的仪表、文雅的举止，是一个人基本素质的外在表现，不仅能赢得他人的信赖，给人留下良好的第一印象，还能增强人际吸引力。在现代生活中，越来越多的用人单位开始意识到求职者的仪表、举止与个人素质之间的联系。所以在求职面试时，求职者应适当地打扮自己。具体的做法是，仪容要整洁，服饰要得体，妆容要自然，表情姿态要从容。

二、求职中的礼仪

完成了前期的准备工作之后，求职者就要在面试过程中与招聘者相见、交谈。在这个阶段，求职者留给对方印象的好坏直接影响了求职的成败。言谈举止更有风度的求职者往往更容易受到用人单位的青睐，因此，求职者在面试的过程中也要时刻讲究礼仪。

（一）守时守约

面试时一定要守时守约。面试时，求职者最好提前15分钟左右到达指定地点，以表示自己的诚意，给对方以信任感。

迟到是不尊重面试官的表现，也是一种极不礼貌的行为。如果有客观原因需改期面试或不能如约按时到场，就应事先打电话告知面试官，并诚恳地致歉，以免对方久等。如果已经迟到，不妨主动陈述原因。这是必备的一种礼仪。

（二）入室敲门

进入面试房间时，一定要先敲门再进入。即使门是开着或虚掩着的，也应先敲门。千万别冒冒失失地推门而入，否则会给人以鲁莽、无礼的第一印象。

（三）面带微笑

见面时，求职者应主动微笑着向面试官点头，打招呼，礼貌地问候。真诚、自然、由衷的微笑可以展现一个人的风采，表现出自信、友好、亲善和健康的心理，有利于求职者塑造良好的自我形象，给面试官留下美好的印象。

（四）注意目光位置

在面试时，求职者要与面试官时刻有目光接触以示对其的尊重，但也不能一直紧盯着对方，更不要躲闪对方的目光。在交谈过程中，可以把目光放在对方两眼至额头中部的上三角区。如果有多个面试官，求职者就要把目光转向正在说话的那个面试官，表示自己在认真地听其讲话。

（五）“请”才入座

当面试官已经坐下，并对你说“请坐”或示意你坐下，应先道谢，然后再按指定的位置入座。落座后，坐姿应合乎规范。切忌不请自坐，更不要跷起二郎腿，不停地晃腿。

（六）莫先伸手

进门后，如果面试官向你伸过手来，你要同他热情握手。切忌主动去和面试官握手，这是基本的礼仪。可点头微笑，以表示问候。

（七）耳听八方

面试过程中听面试官说话时要注意专注有礼。当面试官向你提问或介绍情况时，应该注视对方以表示专注倾听，可以通过直视的双眼、赞许的点头，表示你在认真地倾听他所提供的信息。

另外，还要注意有所反应。要不时地通过表情、手势、点头等必要的附和，向对方表示你在认真地倾听。如果巧妙地插入一两句话，效果则更好，如“原来如此”“您说得对”“是的”“没错”等。

倾听是捕捉信息、处理信息、反馈信息的过程。一个优秀的倾听者应当善于通过面试官的谈话捕捉信息。求职者倾听时要仔细、认真地品味面试官的言外之意、弦外之音、微妙情感，细细咀嚼品味，以便正确判断对方的真正意图。

（八）言谈有度

求职者要注意礼貌用语，语气要谦和。称呼对方时用尊称“您”，讲话时避免语言粗俗与不敬，避免使用不当的口头禅。音调要适中，声音太低给人不自信的印象，太高了又有咄咄逼人之感。发音要清晰，语速要合理，语速太慢会显得求职者缺乏朝气，太快了则会暴露出求职者的紧张或急躁。

（九）告别有礼

面试结束，被暗示可离开时，求职者勿忘起身后将椅子放好，并向对方致谢。离开时必须从容，开门关门要轻，别忘了向接待你的人员致谢。

三、求职后的礼仪

面试结束并不意味着求职结束，等待面试结果的同时还要做一些必要的工作来完善自己的形象。在面试结束后的两三天内，求职者可以给用人单位发出一封言辞恳切的电子邮件，这是礼貌及明智之举，既可以表示自己的诚意及感谢，又能及时加深用人单位对自己的印象，增加求职成功的概率。邮件不要太长，及早发出，太晚了有可能用人单位已经作出决定。面试后要安心等待结果，不要急于询问对方面试结果，以免留下急躁的不良印象。

伊丽莎白女王说，礼节及礼貌是一封通向四方的信。在求职过程中，注重礼仪能够帮助求职者给用人单位留下一个好的印象，增加被录用的机会。

礼仪实践

假定用人单位及其招聘岗位，分组练习，模拟面试的场景。

专题二　求职面试

任务与目标

面试是高校毕业生求职应聘必经的关键环节。高校毕业生要想在激烈的求职应聘中脱颖而出，不仅要有优秀的综合素质、过硬的业务能力以及良好的个人修养，还需掌握必要的面试技巧。

通过本专题的学习，我们要：

（1）了解求职面试要做哪些准备；

（2）掌握求职面试沟通的技巧。

一、求职准备

求职准备是高效就业的基础和前提，高校毕业生求职准备充分与否，直接关系到就业成功率和职业满意度。求职准备主要包括求职意识准备、求职心理准备、求职能力准备以及求职政策、趋势、法律法规准备4个方面。

（一）求职意识准备

高校毕业生求职意识是指高校毕业生在自我认知、职业认知的基础上，寻找和选择职业方向时表现出的思想意识倾向和意愿。

1. 自我认知

“认识你自己”是思想家苏格拉底的哲学宣言和人生信条。全面客观地了解自我，是对未来职业生涯做出准确把握和合理规划的前提和基础。

（1）自我认知途径

镜中我理论——他人的反馈。美国社会学家查尔斯·霍顿·库利提出“镜中我理论”，认为自我认识主要是通过与他人的社会互动形成的，他人对自己的评价、态度等是反映自我的一面“镜子”，个体通过这面“镜子”认识和把握自己。

自我知觉理论——对自己行为的判断。D.J.比姆提出了主要阐释行为是否影响态度的“自我知觉理论”。该理论认为一个人通过回忆过去的相关行为并依据该行为判断对某事物的态度。比姆认为态度是在事实发生之后，用来使已经发生的东西产生意义的工具，而不是在活动之前指导行动的工具。

社会比较理论——与他人的比较。“社会比较理论”的构想由美国社会心理学家利昂·费斯廷格提出，他认为在缺乏客观评价的情况下，个体会与他人比较，并以此比较结果进行自我评价。

自我反省——从我与自己的关系中认识。我国古代著名的教育家、哲学家、思想家孔子提出“见贤思齐焉，见不贤而内自省也”，要求自我察觉缺点，向有德行的人看齐，要求每天多次自我反省，通过不断反思自身的思想和行为，在寻找差距的过程中认识自我。

文化小贴士

孔子关于自我认知的名言

（2）自我认知内容

个人性格与职业的关系。一般来说，个人性格与职业的匹配度较高，则个人对职业的满意度较高，职业道路较为顺畅，职业目标也比较容易实现。因此，了解和认识自己的性格对职业的发展十分重要。

迈尔斯布里格斯类型指标（MBTI）人格类型理论模型被广泛用于性格测试、择业参考。该模型以心理学家荣格划分的8种心理类型为基础，加以扩展，形成“注意力方向”“认知方式”“判断方式”“生活方式”4个指标维度下的16种职业性格类型。

职业兴趣。职业兴趣是指个体对某种职业展现出较为浓厚的爱好，表现出明显的倾向性与选择性。职业兴趣可以有效激发个体在职业活动中的热情，是实现职业成就的前提。

可以运用职业兴趣测量表格测试并了解自己的职业兴趣。常见的测试量表有《库得职业兴趣量表》《斯特朗职业兴趣表格》《霍兰德职业兴趣量表》，其中以《霍兰德职业兴趣量表》应用最广。

职业价值观。职业价值观是对职业与自身需要关系的评判，是人生目标和人生态度在职业选择方面的具体表现。职业价值观为个体实现职业目标提供内在动力，能够帮助个体降低职业决策困难度。

常用职业价值观测试工具是《施恩职业锚测试》和《舒伯WVI工作价值观测试量表》。

需要注意的是，量表只能提供评价参考，如果过度关注，僵化评价，就容易给自己贴上"标签"，使自己陷入误区。

2. 职业认知

职业认知是个体对某一职业的感知、认识、体会和评价，包括认知与职业对象、职业发展相关的理论知识，了解与职业资格考试及招聘信息，掌握职业相关理论知识与操作活动等。

（1）对职业对象的认知

对职业对象的认知包括对职业的性质、类别、工作形式、任职资格、岗位说明、职业方向等职业知识的了解。

（2）对职业发展的认知

对职业发展的认知指对目标职业的市场动态、行业趋势、人才需求等方面的现状认知和发展预判。

（3）对职业资格考试及招聘等信息的认知

这是指既要了解相关职业资格考试的条件与报名方式、考核内容与方式、成绩公布与证书等相关考试信息，又要知晓意向单位的招聘信息、就业渠道、福利待遇以及竞争态势。

（4）对职业相关理论知识的认知

这是指对职业相关的各种基础理论、专业理论、职业素养等方面的综合了解与掌握。

（5）对职业相关操作活动的认知

这主要指对意向岗位的操作标准、工作职责、操作流程、工作关系、工作任务等情况的认知。

3. 职业生涯规划

职业生涯规划是在认知自我的基础上，确定自己适合的职业方向并制订相应计划的过程。

扫码看资料

不同阶段职业目标特征

规划职业目标。首先要根据个人的专业、性格、气质和价值观以及社会的发展趋势确定自己的人生目标和长期目标，然后把人生目标（整个人生的职业发展规划）和长期目标（5～10年的职业规划）进行阶段分解，根据个人的经历和所处的组织环境制定相应的中期目标（2～5年的职业规划）和短期目标（2年以内的职业规划）。

制定行动方案。在确定以上各种类型的职业目标后，就要制定相应的行动方案来实现它们，把目标转化成具体的方案和措施。在这一过程中，比较重要的行动方案有对职业生涯发展路线的选择，对职业的选择和相应的教育和培训计划的制订。

（二）求职心理准备

大学生正处于从不成熟走向成熟的关键阶段，一般来说，其心理发展还存在情绪易波动、抗挫折能力差等状况，求职面试时容易焦虑、紧张，求职受挫时易自卑、自负，甚至导致心理偏差和心理障碍。因此，做好求职的心理准备至关重要。

1. 了解不同求职阶段可能出现的心理异样

（1）求职前可能出现的心理异样

因未能准确认知自我而产生自卑或自负心理，出现"高不成低不就"的状况，导致进行就业决策时产生犹豫心理。就业压力过大产生焦虑心理，造成情绪低沉、沮丧、压抑。对学校、家庭过度依赖，或对自己的就业期望水平受到其他择业者的严重影响，产生从众心理。对自己没有清晰的认识，不知自己适合什么工作，产生迷惘心理。对就业环境认识不清，对就业政策产生不满情绪。

（2）求职过程中可能出现的心理异样

盲目求职产生急躁情绪，只求尽快找到工作，没有针对性地求职，导致没有时间进行充分的面试准备，错失良机。根据大多数人的就业方向选择职位，不考虑自身实际，一味地追求教师、公务员等职业。同学、朋友找到工作时心理失衡，产生攀比、嫉妒心理，抱怨现实的不公平，产生失衡心理等。

（3）求职后可能出现的心理异样

求职屡次失败，产生严重的挫败感和无助感，严重时会放弃求职，以致抑郁。对自己已经找到的工作不满意，认为该工作配不上自己，只是一个保底工作，自己可以有更好的发展，于是毁约。在薪金、工作强度和内容等方面与他人攀比，产生失衡、嫉妒心理。

2. 掌握不良心理的调适方法

（1）自我暗示法

首先要关注自我，接纳自己的情绪，然后运用语言、形体动作和表情等对自己施行积极的影响，缓解压力，调整不良情绪。如遭遇求职失败时，对自己说："人生求胜的秘诀，只有那些失败过的人才了如指掌。我可以，加油！"再给自己一个自信的微笑。

（2）深呼吸调节法

找一个舒服的姿势坐好，使身体自然放松，闭上眼睛，运用腹式呼吸方法：吸气的过程中感到腹部慢慢地鼓起，到最大限度时开始呼气；呼气时感觉到气流经由鼻腔呼出，直到感觉前后腹部贴到一起为止。

（3）音乐治疗法

现代医学研究表明，音乐能调节神经系统的机能，解除肌肉紧张，消除疲劳，改善注意力，增强记忆力，消除抑郁、焦虑、紧张等不良情绪。可选择舒心、镇静或节奏鲜明、振奋精神的音乐进行自我疗愈。

（4）运动释放法

运动会使大脑产生"内啡肽"，让人感觉愉悦。借助运动可将不良情绪所积蓄的负能量宣泄出去。

（5）亲友倾诉法

找亲人、朋友、师长、同学倾诉，把自己的苦衷和怨恨尽情讲出，通过对方的开导和安慰，得到心理疗愈。

（6）求助心理医生

寻找专业的心理医生进行心理咨询，在医生的指导下发现真实的自我，解决心理问题。

（三）求职能力准备

职业能力指从事某一职业所需要的能力。高校毕业生要对自己的职业能力进行全面、客观的评估，以做好求职准备。德国学者罗特最早把职业能力分成自我能力、专业能力、方法能力和社会能力。

职业能力是职业技能鉴定考核的重要内容。国家依据国家职业（技能）标准、职业技能鉴定规范来组织实施职业技能鉴定考试，以考查被试者的职业知识、操作技能和职业道德。

（四）求职政策、趋势、法律法规准备

1. 高校毕业生就业政策

就业是最大的民生工程、民心工程、根基工程，是社会稳定的重要保障，必须抓紧抓实抓好。高校毕业生等群体就业关系民生福祉、经济发展和国家未来。我国现行的高校毕业生就业原则是：在国家政策的指导下，市场导向，政府调控，毕业生通过供需见面、双向选择的方式自主择业，国家不包分配，学校协助推荐。现行的高校毕业生就业制度由毕业生就业有关方针政策、就业管理体制和服务保障体系等内容构成。

为促进高校毕业生更加充分、更高质量地就业，中央有关部门、各地和各高校在促进高校毕业生基层就业、自主创业、参军入伍、权益保障等方面出台了多项政策措施。高校毕业生应积极、深入地了解这些政策，以实现更高质量就业。

2. 高校毕业生就业发展趋势

对当前及未来社会人才需求、就业发展趋势的调研是高校毕业生确定就业方向的前提。2022年高校毕业生人数首次突破千万大关，留学生回国就业人数不断增加，互联网、教培、房地产等行业失业再就业人员增多，求职竞争愈发激烈。

3. 就业相关法律、法规

与高校毕业生就业相关的法律、法规主要有《就业促进法》《高等教育法》《劳动法》等。

与劳动相关的法律、法规主要有《劳动法》《劳动合同法》《劳动争议调解仲裁法》《就业促进法》《工资支付暂行规定》《职工带薪年休假条例》《工伤保险条例》《就业服务与就业管理规定》，以及人事代理制度等。

适用于某一特定职业的法律、法规主要有《教师法》《律师法》《法官法》《检察官法》《人民警察法》等。

二、求职面试沟通技巧

（一）面试前的准备技巧

1. 熟知招聘渠道

适合高校毕业生的主要招聘渠道有网站、招聘会、人际推荐、人才中介服务机构等。

（1）网站

高校就业信息网。高校毕业生需关注本校并浏览其他高校的就业信息网，了解岗位招聘、校招会情况、毕业手续办理、意向城市就业政策、选调生等相关信息。

政府及其他事业单位主管的就业服务网站。此类网站除提供丰富的职位信息资源外，还提供职业测评、求职指导、简历资源、公务员考试辅导等服务。由教育部学生服务与素质发展中心主管或运营的就业服务网站见表4-1。

表4-1 教育部学生服务与素质发展中心主管或运营的就业服务网站

网站名
国家大学生就业服务平台
全国大学生创业服务网
高校毕业生到国际组织实习任职信息服务平台
教育部供需对接就业育人平台
学职平台

其他常见的企业主办的招聘网站，如应届生求职网、中华英才网、智联招聘网、前程无忧网、BOSS直聘等。

意向公司网站。各大公司主页都会写明招聘信息及要求。

（2）招聘会

校园招聘会是用人单位与高校毕业生的交流平台，帮助用人单位进入校园宣讲、直接招聘各类各层次应届毕业生，一般由高校的就业指导中心组织。

人才与劳务市场招聘会是由人力资源服务机构为用人单位和人才之间双向选择提供交流洽谈场所和相关服务的中介活动。

（3）人际推荐

大数据调查结果显示，利用人际关系去开展求职往往会使求职过程更加顺利。高校毕业生可以找老师、同乡、朋友、校友等为自己介绍适合的职位或进行推荐。

（4）人才中介服务机构

人才中介服务机构有两类：一是人力资源和社会保障部门下属人才服务机构，即人力资源和社会保障部下属的全国人才流动中心及地方政府（县级以上）人力资源和社会保障厅（局）下属的人才服务机构；二是各级政府的其他部门、社会团体、企事业单位所属的人才服务机构和民办人才服务机构。

不同的求职渠道具有不同的优势，求职者可根据实际情况，选择最适合自己的招聘渠道。

2. 了解意向用人单位

所谓"知己知彼，百战不殆"，求职者应了解意向用人单位的性质、业务范围、经营业绩、企业文化、业务模式、员工成长性、保险、福利待遇、发展前景等。

3. 熟悉意向岗位

了解意向岗位的岗位职责、任职要求、福利待遇、工资待遇、招聘人数等。

4. 撰写求职简历

求职简历的撰写要求详见本项目专题三。

5. 准备面试服饰、仪容，了解面试礼仪要求

面试服饰、仪容及相关面试礼仪要求详见项目二的专题一及本项目专题一。

6. 了解面试要求，预估面试问题，进行模拟面试

了解面试须携带的材料、面试流程；预估并准备高频面试题目；按照正规的面试流程进行模拟面试，亲身感受面试的全过程，消除紧张情绪。

7. 考察面试地点，规划交通方式，安排出门时间

提前熟悉、考察面试地点，确保交通安全，选择适宜的交通方式，避免拥堵，合理安排出行时间，提前到场，务必不要迟到。

（二）面试过程中的沟通技巧

1. 了解面试类型

按照不同的考查形式，面试可以分为言谈面试和模拟操作面试。言谈面试即主考官通过与求职者面对面口头沟通的方式，了解求职者职业能力的一种测试方法。模拟操作面试是使求职者处于实际工作场景，进行实地操作，主要考查求职者的实际操作能力。

按照不同的操作方式，面试可分为结构化面试和非结构化面试两种。结构化面试是预先确定好程序和题目，主考官根据事先拟好的谈话提纲逐项向求职者提问，求职者针对问题进行回答的面试。非结构化面试是指谈话的题目由主考官临时、自由决定，适合富有经验的主考官。

按照不同的求职者数量，面试可分为个人面试、小组面试、集体面试。个人面试是对求职者单人的面试问答。小组面试是让多个求职者组成一组，由数名考官轮流提问，着重考查求职者的个性和协调性。集体面试多将求职者分成数组，然后进行无领导小组讨论，主考官在一旁观察，并参与其中，主要考查求职者的沟通能力、协调能力、语言表达能力和领导能力。

2. 了解面试中的提问内容

求职面试主要考查求职者的职业能力、职业素质、性格特点以及求职应聘动机等，虽然不同的行业、岗位有不同的要求，但面试题目通常围绕个人背景、求职动机、综合素质展开，求职者要提前准备，做到心中有数。

（1）个人背景

主考官通常要求求职者进行自我介绍，内容包括教育背景、工作（实践）经历、奖惩情况等。需要注意的是，主考官一般会对照简历进行核对，自我介绍切忌与简历有所出入。

（2）求职动机

主考官通常要求求职者回答“你为什么来应聘这份工作？”“你为什么选择我们公司？”之类的问题，以了解求职者的求职动机、对公司和拟聘职位的熟悉情况，并进一步判断求职者的工作态度和求职诚意。

（3）综合素质

综合素质主要指求职者的个人修养、专业素质、事业心和责任感、组织协调能力及心理素质等方面的情况。通常要求求职者具有良好的道德品质、积极上进的事业心、坚实的专业基础、较强的职业能力、良好的团队精神以及优秀的社交能力等。

3. 面试过程中的语言技巧

（1）应答要诚实

求职者在面试中要根据自己的实际情况如实回答主考官的问题。如果遇到自己不懂的问题，切不可不懂装懂或支支吾吾，建议大方、坦诚地回答：“对不起，这个问题我不会回答。”诚恳坦率地承认自己的不足反倒会给对方留下诚实的好印象。

（2）回答要准确

求职者首先要确保听清、听懂主考官的问题，若没有把握完全理解主考官的意思，需要及时反馈沟通，切忌含糊其词，回答问题时要三思而后行，保证回答准确，切忌答非所问。如果一个问题可以用多种知识解答，则要选择最熟悉、最有把握的知识应答。

（3）应答语言要紧扣主题，简明、有条理、流畅

一般来说，对于纯信息性的问题应该回答得简单一些，干脆、利落；对于阐述性的问题，要适当举例阐述，但是例子应该是简明的、典型的。建议使用“结论在先，议论在后”的结构回答问题，先将中心意思表达清楚，然后展开叙述，给人以思路清晰之感。

（4）使用口语，语气平和

求职者要使用通俗化、口语化的语言，多用平缓的陈述语气，保证让每位考官都听清自己的声音。若在用词方面过于追求新奇、华丽，则容易让考官误解、反感。

扫码看资料

面试中常见问题的应答策略

（5）含蓄幽默，随机应变

适当的含蓄幽默既可以展示自己的优雅和从容，又可以营造轻松的气氛。尤其是在遇到难以回答的问题时，随机应变，用幽默的方式化险为夷，化解尴尬，可令谈话友好地继续下去。

4. 面试过程中的非语言技巧

（1）表情技巧

求职者在面试中要注意与主考官进行目光接触。一是注意保持目光接触，以传递自己对主考官的尊敬以及对其所说内容的兴趣。二是注意目光接触的时间，一般来说，面试开始时，主考官提问，求职者回答时，主考官宣布面试结束时都应保持目光接触。三是注意眼神的变化，要随着面试的进展和内容的变化，交叉运用多种眼神，从而使主考官知道你一直在倾听他的讲话，留下好印象。切忌目光飘忽不定，左顾右盼。

求职者在面试中要注意表情管理。当主考官介绍公司情况和要求时，求职者应露出感兴趣的表情；求职者在进行自我介绍时，应露出诚恳的表情；在交流时要保持微笑，展现自信，赢得好感。

（2）姿势技巧

求职者要利用手势、身姿等辅助语言，更完整地表达自我。在交谈过程中，求职者略向前倾，以表现自己对主考官的谈话十分感兴趣；采用开放的姿势，正面坐下，不要侧身，两脚适当分开，如前方有桌子，可把双手自然地放在桌子上，说话时配合一些手势，但切忌过于频繁。注意谈话时不要做小动作，如捋头发、挠后脑勺、压指关节等，切记不可忽视细节。

（3）礼仪技巧

礼仪技巧详见本项目专题一。

（三）面试结束后的沟通技巧

1. 及时总结

微课

求职面试的沟通技巧

面试结束后，要及时回顾与总结面试的全过程，发现失误、错误，总结经验；重新考虑面试中出现的难题，以便下次更好地回答。

2. 面试后与意向单位沟通的技巧

面试结束后，求职者应向某一具体负责人打电话或发邮件，对其为自己所花费的时间和精力表示感谢，同时再次强调自己想为单位做贡献的决心，希望早日收到对方的回复。

万一接到落选通知，求职者也要向意向单位表示感谢，并虚心地向相关人员请教自己有哪些欠缺、自己落选的原因，以便今后改正。

文化小贴士

感受面对面的特殊“面试”

沟通实践

1. 5～6人一组，进行模拟面试。商量好拟招聘职位，设计招聘简章。每人轮流扮演一次求职者，其他人扮演面试官。每个求职者模拟面试5分钟。

请认真思考：面试中有什么注意事项？面试结束之后，小组成员之间互相评价。

2. 阅读材料并完成练习。

案例1

求职者：一位从事技术工作的女士

面试官：爱立信（中国）人力资源部副总裁

面试过程：

问：你以前在哪里工作？答：我在一家公司做技术支持。

问：你加入公司的原因是什么？答：喜欢技术支持，因为我具有这个能力。

问：你有什么成绩呢？答：做了上海的一个方案，且在各个部门之间有很好的协调能力。

问：周围的同事、朋友怎么评价你呢？答：待人诚恳。

反问：您问我这个问题的目的在于什么呢？答：看你在工作中的沟通能力……做技术支持的，当然应该有技术方面的能力，但合作是最重要的一点。

案例2

求职者：一位应聘中华英才网销售人员的男士

面试官：中华英才网首席执行官

面试过程：

问：请用3句话来介绍自己，评价自己。答：（1）干劲冲天；（2）一定给你挣钱；（3）善于和同事合作。

问：5年内对个人制定的目标是什么？答：做一名职业经理人。

问：对我们公司了解吗？答：我在上学的时候经常浏览贵公司的网站，我感觉它是人力资源网站里做得最好的。

案例3

求职者：一位××大学毕业的研究生

面试官：思科系统（中国）网络技术有限公司亚太区经理

面试过程：

问：你应聘什么职位？答：技术支持。

问：有一个10人的软件项目，但因为经济状况不好，预算要减掉一半，但上司还要求做得更好。你怎么办？答：企业最重要的是文化和人情味。朋友对我的评价是他们有困难的时候，总喜欢找我。作为项目负责人，我可以通过自己影响他们。我相信他们会支持我在这种情况下做好项目。

请分析上述面试案例中存在的问题，说一说求职者应该怎样改正。

专题三　求职文书写作

任务与目标

求职是每个高校毕业生都要面对的现实问题。求职简历是步入职场的敲门砖，利用求职简历来展示自己的专业知识、工作经历和技能水平，是高校毕业生需要掌握的基本技能。

另外，参加公务员考试是很多高校毕业生就业的途径之一。申论写作是公务员考试的重要科目，也是令很多同学感到头疼的科目。

通过本专题的学习，我们要：

（1）了解求职简历的写法；

（2）了解申论的含义、特点、考试大纲、常见题型；

（3）掌握不同题型的作答方法。

一、求职简历的写作

（一）求职简历的含义

求职简历是求职者将自己与所申请岗位紧密相关的个人信息经过分析、整理后简要地表述出来的书面求职材料。

微课

求职简历的写法

（二）求职简历的特点

1. 客观介绍

相对于求职信而言，求职简历侧重说明求职者的学习经历、工作经历及所取得的成绩，是对客观情况的描述。

2. 格式灵活

从呈现形式来看，求职简历不像其他应用文的文本那样有一些段落格式的要求，在版式设计上追求美观、大方，可以设计为表格式或线条式。

3. 倒叙写作

求职简历是对个人经历的客观呈现，在内容安排上，不像其他文书要讲究一定的行文关系。求职简历更多是为了让用人单位更快地了解求职者的最新情况和关键信息。因此，简历常采用倒叙的方式陈述。

（三）求职简历的写法

不管采用哪种格式，求职简历所含内容是基本相同的，一般包括个人信息、求职意向、教育背景、工作（实践）经历、主要技能和兴趣特长等。

（1）个人信息：包括姓名、性别、出生年月、政治面貌、民族、籍贯、户口所在地、身高、毕业时间、电子邮箱地址、联系电话等。

（2）求职意向：结合自己的爱好和专长等确定的求职目标。

（3）教育背景：求职者的受教育情况，包括何时何校获何种学历或学位、所学专业、业余所学专业，与其所应聘的职位有关的主要课程、专业知识等。不必面面俱到，要突出重点，有针对性，可以提供成绩单。所获奖学金；与求职目标相关的培训及证书等。

（4）工作（实践）经历：包括组织和参与的学生社团活动、社会实践、专业实习、科研经历等。写作时，要写明曾经从事的工作及岗位、起止时间、工作业绩，并尽量做到量化表达。

（5）主要技能：包括获奖情况、外语水平、计算机水平、普通话水平、办公软件操作熟练程度、驾照等。

（6）兴趣专长：其他与所应聘职位有关的个人兴趣、爱好及专长。

求职简历的写作要求

（1）注重格式，简洁大方。简历内容条理清晰，重点突出，排版美观，篇幅一般控制在A4纸一页以内。仔细检查，消除错别字；标点符号使用要规范。

（2）找准“卖点”，有针对性。简历制作应以“为雇主带来的价值”为线索，可以通过量化的方式来展示过去的成果和业绩，凸显自身价值；还应最大限度地体现针对性，特别是教育背景、工作（实践）经历一定要突出与应聘职位的相关性。

（3）客观真实，突出经历。工作（实践）经历是重中之重，包括实习实践和校园活动。实习实践要注明时间、地点、单位、职位和职责；校园活动主要是在校期间担任班团干部、学生社团干部等情况，要写明任职时间、具体职位。工作经历部分需展开分条叙述，做到客观真实。

（4）用好动词，体现能力。简历多采用简洁的无主句来表达，尽量使用行为动词和专业术语，少用形容词等修饰性词语，如体现领导能力的“指挥、主持、发起、处理、决定、监督”，体现管理能力的“引导、制定、分配、建立、支持、安排”等。正确使用行为动词和专业术语可以体现出较高的专业化水平。

扫码看资料

简历的写作技巧

二、申论的写作

申论是专门用于公务员考试的应试文体，也是随着公务员录用考试制度而出现、推行的一种测查应试者从事机关工作应具备的基本能力的考试科目。

（一）申论的含义

申论，从字面上理解，“申”可理解为申述、申辩、说明，“论”即论证、论说、议论。申论，就是对相关材料、事件或问题进行归纳说明、分析缘由、发现问题、提出对策，有所申述，进行论证。申论是公务员考试科目，主要要求应试者对给定资料进行概括、分析、提炼、加工，测查应试者的阅读理解能力、综合分析能力、提出问题和解决问题的能力、文字表达能力等，具有模拟公务员日常工作的功能。

（二）申论的特点

1. 针对性强

申论的考查目的明确，针对性很强，即主要考查应试者阅读、分析、概括、解决问题的能力。这些能力主要通过对背景材料的分析、概括、论述体现出来，从所提出的方案对策是否具有针对性和可行性体现出来。从这一角度看，申论考查的目的与试题是密切相关的有机整体：目的具有针对性，试题也具有针对性；试题为测试的目的服务，目的则是试题设计的指导思想。

2. 材料限制

申论有着明显区别于一般作文的特点。它不是那种凭主观好恶选材、尽情张扬个性的放言宏论，而是要求准确把握给定资料，依托材料反映的客观事实，作出必要的说明、申述，然后在此基础上发表中肯见解，提出方略，进行论证。

（三）申论的考试大纲

申论试卷由注意事项、给定资料和作答要求3部分组成。申论考试按照中央机关及其省级直属机构职位、市（地）级及以下直属机构职位的不同要求，分别命制试题。

中央机关及其省级直属机构职位申论考试主要测查应试者的阅读理解能力、综合分析能力、提出和解决问题的能力、文字表达能力。

阅读理解能力——全面把握给定资料的相关内容，准确理解给定资料的含义，准确提炼事实所包含的观点，并揭示所反映的本质问题。

综合分析能力——对给定资料的全部或部分的内容、观点或问题进行分析和归纳，多角度地思考材料内容，作出合理的推断或评价。

提出和解决问题的能力——准确理解和把握给定资料所反映的问题，提出解决问题的措施或办法。

文字表达能力——熟练使用指定的语种，运用说明、陈述、议论等方式，准确规范、简明畅达地表述思想观点。

市（地）级及以下直属机构职位申论考试主要测查应试者的阅读理解能力、贯彻执行能力、解决问题能力和文字表达能力。

阅读理解能力——能够理解给定资料的主要内容，把握给定资料各部分之间的关系，对给定资料所涉及的观点、事实作出恰当的解释。

贯彻执行能力——能够准确理解工作目标和组织意图，遵循依法行政的原则，根据客观实际情况，及时有效地完成任务。

解决问题能力——对给定资料所反映的问题进行分析，并提出解决的措施或办法。

文字表达能力——熟练使用指定的语种，对事件、观点进行准确合理的说明、陈述或阐释。

（四）申论常见题型

申论试题在不断发展变化，下面介绍近年来常见的申论题型。申论试题依托给定资料回答问题，一般有归纳概括题、综合分析题、提出对策题、应用文写作题、文章论述题。

1. 归纳概括题

归纳概括题是申论试题中最基础的题型，这类题目一般要求用限定的字数，准确、简明扼要地概括给定资料所反映的主要内容、主要问题，或者按照不同规定、要求作出定性归纳。这种题型着重考查应试者阅读理解、归纳概括的能力。

解答这类题，需要阅读后先概括，后归纳。概括就是抓取重点信息，进行提炼加工。归纳就是对重点信息进行逻辑梳理，做到要点条理清晰。

归纳概括主要内容的题目一般要求应试者概括主要信息、整理汇报提纲、对材料进行汇总等。答题思路：从给定资料描述的现状、问题、影响、原因、目前举措（经验）、对策等方面进行概括。一般来看，从前几则材料中归纳“现状”，从给定材料中找负面信息来归纳“问题”，用正反两方面的观点、报道、数据等信息来说明“影响”，立足材料去分析“原因”，从材料中寻找成功或失败的“目前举措”，在下一步举措或未来发展中寻找“对策”。

归纳概括主要问题的题目一般要求应试者指出材料中反映的主要问题、对问题进行概括、指出隐患及问题表现在哪些方面等。答题思路：树立问题意识，从材料中找负面的、需要予以解决的问题。可采用分条列项的方式作答。在语言表达方面，多用下列句子：××意识欠缺，××弱化，××缺失，××单一，××相对较弱，××不足，××失衡，××薄弱，××结构不合理，缺乏××，缺少××，××有待加强，面临××困难。

归纳概括部分内容的题目一般要求概括部分给定资料中的不同观点、优点优势、经验做法、目的意义、影响效果、现状趋势、原因等。答题思路：根据题目限定的材料范围，要求概括什么就概括什么，提炼局部要点，找准关键词、关键句，按逻辑顺序组织语言。在语言表达方面，使用动宾结构来概括“经验做法”，使用主谓结构来表达“优点优势”。

归纳概括语段的题目一般要求应试者拟制小标题、补充语句等。答题思路：这种题目类似中学语文考试中要求归纳某个段落的中心思想的题目，要形成中心句或主题句，补充给定资料中横线空缺内容、补充句子等。答这类题，一般先提炼给定资料中的观点、主张，提取给定资料中的高频词、关键词，使用关键词来归纳给定资料的核心思想；在形式上进行加工，有多个小标题时，要使结构统一、字数一致。

2. 综合分析题

考查综合分析能力的题型主要有评论型分析题、启示型分析题、词句理解阐释题、正反论证分析题、关系型分析题等。

评论型分析题要求应试者针对给定资料中的现象、观点进行评价并得出结论，甚至要求提出建议。例如“给定资料中，提出了……他的观点有无道理，为什么？请谈谈你的见解。（不超过200字）”解答这类题的方法是：针对某一观点或不同观点，先破题表态，再具体分析，最后总结陈述。

启示型分析题要求应试者准确理解相关材料，并从中得出经验或启示，例如“给定资料三介绍了……提出了……举措。请谈谈可以从中获得哪些启示。（不超过300字）”。解答这类题的方法是：先概述材料中的事实，再总结其中的经验或应吸取的教训，最后结合实际谈几点启发或值得借鉴之处。

词句理解阐释题分为两种：一种是对词语进行阐释，另一种是对某一语句进行理解阐释。

对词语进行阐释的提问方式，如“谈谈‘××’这一概念在给定资料中的含义。（不超过200字）”，答这类题一定不能脱离给定资料，不能以自己的常规理解代替材料中的含义，要结合材料的上下文语境进行理解。对某一语句进行阐释的试题，如“在给定资料四中，专家认为‘……’，请谈谈你对这句话的理解。（不超过250字）”。解答这类题的方法是：依托给定资料，先给出对句子的解释，然后用给定资料来支撑，最后进行适当引申。

正反论证分析题包括正面论证分析题和反面论证分析题。正面论证分析题，如“给定资料中提出了……的看法，请列出你支持这一观点的主要论据。（不超过250字）”，答这类题可以先概述材料中的正面观点，然后具体分析，最后总结陈述。反面论证分析题，如“根据给定资料，反驳‘网民A’的观点。（不超过400字）”。解答这类题的方法是：一般先表明态度，直接反驳，然后具体分析其不妥之处，最后总结陈述。值得注意的是，反面观点中也可能有合理的部分，要一分为二地看待；不能以自己的看法代替材料立场，一定要依据给定资料进行反驳。在语言表达上，可以采用如下表达格式：第一段，某某认为……该观点有失偏颇；第二段，从……来看……（反面的、错误的）；第三段，再从……来看……（正面的、合理的）；第四段，因此，……（总结陈述）。

关系型分析题要求应试者分析两种或两种以上事物之间的相互作用、相互影响及其相互关系，例如“根据给定资料，谈谈××和××二者之间的关系。（不超过250字）”。解答这类题的方法是：一般先阐述二者之间是什么关系，然后对它们进行分别论述，再结合材料或实际进行总述，并讨论处理好二者关系的意义。关系型分析题涉及的关系常见的有两种：一种是对立统一关系，另一种是相辅相成关系。处于对立统一关系中的双方，一方面是对立、矛盾、不相容的，另一方面又是统一、相互利用、相互促进的，如公平与效率之间的关系、信息公开与信息保密的关系等。构成相辅相成关系的双方或几方，一般具有互相配合、互相辅助、缺一不可的关系，有相互制约、相互促进的作用，如经济发展与环境保护之间的关系等。

3. 提出对策题

提出对策题主要考查应试者提出和解决问题的能力。这类题的题目要求中往往会出现“对策”“建议”“措施”等关键词，如“假定你是×××，就给定资料四中的问题提出解决建议，呈送政府有关部门参考。（不超过×字）”。解答这类题的方法是：做到角度正确，多从政府角度进行思考，提出的对策要有针对性、可行性，对策要尽量具体。那如何提出对策呢？一般的做法是：

（1）归纳概括给定资料中现成的有效对策；

（2）善于针对材料反映的主要问题提出意见和办法；

（3）通过分析问题的原因寻求对策；

（4）总结材料中提到的成果经验或失败教训，得出对策；

（5）站在特定角色、角度、立场来提出对策。

提出对策题就是要求提出一套解决方案，这个方案一般是解决问题的思路，需要应试者对整体思路进行逻辑拆分，拆分出几项具体的措施。在语言表达上，忌用“万能对策模板”，例如“第一，加强领导，提高认识”“第二，加强宣传，营造氛围”“第三，总结经验，持续改进”，一定要将对策具体化，可在“万能对策模板”中加入关键词、高频词，提高对策的针对性，如“第一，加强……领导，提高……认识”“第二，加强……宣传，营造……氛围”“第三，借鉴……经验，持续改进……”。

如何让对策具体、可行呢？首先，要有明确的对策内容，即拟采取什么措施、什么程序。其次，要有明确的对策主体，即这些措施由哪些部门来实施。再次，要有明确的对策客体，即实施对象是什么。最后，要有明确的对策目的，即写清楚预期目标和效果。

只有在发现问题的前提下，才能有针对性地提出对策。下面介绍几种常见的提出对策的方法。

（1）如果是认识不足，就可加强宣传，增强相关意识。

（2）如果是管理不善，就需强化领导，成立相关机构。

（3）如果是制度落后，就要建章立制，出台相关政策。

（4）如果是监督不够，就要善用舆论，接受相关监督。

（5）如果是服务不周，就需提升服务，树立相关意识。

（6）如果是立法缺失，就可完善立法，保护相关权益。

（7）如果是民众不解，就可教育引导，提升相关素质。

4. 应用文写作题

申论科目中的应用文写作题常用来考查贯彻执行能力。据统计，2011—2021年，公务员考试省部级和地市级试卷考查过近20个文种共28道题。现按时间先后顺序将相关文种列举如下：公开信、宣传手册要点、宣传稿、编者按、讲解稿、总结、发言稿、调查问卷（主要问题）、短评、讲话稿、备询要点、简报、导言、报道、考察报告提纲、汇报提纲、发言提纲、调研报告提纲、导学材料、情况介绍提纲、调研报告“问题”与“建议”提纲、推荐材料、推介讲话稿等。

这类试题的题目，一般明确规定了撰写的应用文文种，如“假定你是××，要在……发言，根据给定资料，草拟一份简短的发言稿。”“假如你是××，请结合材料，给政府网站撰写一份活动宣传稿。”“根据给定资料，假如你是到现场采访的记者，请你根据采访情况，撰写一份‘关于××事故的报告’，报给市委、市政府。”“根据给定资料，以‘××关于×××的通知’为题，代拟一篇公文稿。”等。相关应用文的写法，请参看项目五相关内容。

5. 文章论述题

文章论述题是申论考试的重中之重，这类题目通常要求应试者用限定的字数（一般为800～1200字），针对给定资料所反映的事件、情况、问题，引申发挥进行论述。作答要求：中心明确，内容充实，论述深刻，有说服力。

文章论述题也叫申论作文，类型多种多样，概括来说，有选题作文、话题作文、论题作文、命题作文和公文式作文等。

申论作文是基于给定资料进行申发论述，这就要求读懂材料，把握材料主题，善于发现问题，能够合理分析问题，并提出观点或看法等。在阅读中，只有发现问题、分析问题，才能有针对性地提出解决问题的办法。提出对策或解决方案时，应注意以下几个方面。①把握立场，即以什么身份来回答问题、提出对策，一般需假定自己是公务员，提出建议或对策供管理部门或领导参考。②选准角度，也就是为谁提供建议或解决方案等，一般来说是为政府管理部门提对策、提方案。③权衡利弊，需要在分析问题的过程中，从正面与反面、积极与消极等方面看待发展中的问题，议论时注意用词，看问题不绝对、不片面。④着眼未来，这要求提出的解决问题的方案或对策尽量标本兼治，思考如何处理当下问题、如何从长计议。

下面介绍申论作文各部分的常用写法。

（1）拟好标题。在拟定标题时，可采用观点句直接呈现作文总论点，也可陈述论证对象，建议标题中嵌入作文的关键词。标题居中书写，一般不用标点符号。

（2）写好开头。材料作文的开头一般要从材料说起，引出论题，提出论点。在结构上看，开头部分可以提出问题或论题，起到过渡作用；也可以提出总论点，统领全文，使全文构成总分总结构。

（3）主体展开。开头部分提出总论点之后，主体部分需要对总论点进行拆分，从多方面、多侧面展开严密论证。一般来说，作文主体部分的每个自然段就是一个分论点及其论证，设置三四个分论点即可。常见的写法是每个自然段的第一句话为段落中心句，用来陈述观点，然后展开论证，在论证时做到观点与事实相结合。在分析材料时，要由此及彼，由材料表象到本质分析，由微观、中观到宏观，由特殊到一般，从而体现议论的深度。文中提出的观点要符合党的路线方针政策，符合当前社会实际。这样的写法逻辑清晰，层次分明，也便于阅卷者迅速获知文章的主要论点。

（4）结尾有力。申论的结尾部分有多种写法。例如，结尾扣题，呼应总论点；也可对标题进行扩展作结，重申观点；也可以综合概括总结文中提出的分论点；还可以概括论题的意义、影响或社会效果。结尾不能写得太长，要简练有力。

申论的写作要求

下面介绍写作申论作文的一些注意事项和要求。

（1）紧扣材料，利用材料。申论作文属于材料作文，写作时需要从给定资料切入自己作文的论证，适当利用原材料的观点、事实等引出自己的论点。这样才能符合申论的要求，使自己的论述方向与材料相契合，也能使阅卷者一眼便知你是针对给定资料进行申发论述的。论证过程中，也要善于利用给定资料，将其作为自己作文的论点论据，若选用得当，也更符合申论紧扣材料的作答要求。

（2）选好角度，避免跑题。申论的给定资料多数是围绕一个大主题整理加工而成的，数篇给定资料从不同角度、不同层次来反映与主题相关的一些现象、问题、事件等。申论写作，不是要用到全部给定资料，不宜从比较全面、宽泛的角度来写，而要选择一个较为具体的角度切入，进而深入讨论。注意根据论点和材料选好角度，避免跑题。

（3）引申发挥，联系实际。申论需要依托材料进行申发、论述。申发的基础是给定资料，要从给定资料反映的主要内容、重点信息引申出论题或主旨，绝不能脱离给定资料随意发挥。发挥，也不是自由发挥，要站在某个立场、角度来发挥，公务员申论作文往往需要从管理工作实际出发，运用管理人员的视角进行申发论述。在申发的过程中，不能只是大谈道理，而要将材料与社会生活实际紧密结合。

（4）内容取胜，注重格式。申论作文要符合题目的规定与要求。要紧扣材料，选准角度；内容充实，论证充分；主题突出，观点正确；见解深刻，立意独到。同时，还要注重文章格式，保证结构完整，思路清晰；语言流畅，格式规范，卷面整洁。

写作实践

1. 请搜集近年公务员考试申论科目的真题并试做。
2. 请根据下列招聘信息，制作一份有针对性的求职简历。

××科技有限公司人力资源专员的招聘信息

岗位职责：

（1）负责根据公司的发展战略，在部门及公司领导的带领下，制定公司人员需求规划、招聘方案、培训方案等；

（2）负责招聘渠道的挖掘、招聘信息的发布、招聘工作的组织实施；

（3）负责完善员工培训体系和发展体系，编写并落实培训方案，建立培训资源库、员工培训档案；

（4）对人力资源市场进行监控、调查，为公司制定人力资源发展战略提供数据支撑；

（5）协助完善、优化公司薪酬和绩效管理体系，负责相关工作的落地实施和反馈调整；

（6）开展员工入职、离职、转正、晋升、社保缴纳、员工关系维护等工作。

任职要求：

（1）专科及以上学历，专业不限，有相关工作经验优先；

（2）有良好的口语和书面表达能力、团队协作能力；

（3）有良好的职场意识和业务能力，工作积极主动、认真负责，善于观察、勤于思考。

下篇

职业发展

项目五
培养执行力

专题一　通信礼仪

任务与目标

在现代商务活动中，通信礼仪占据的比重越来越大。运用得体，它会带来成功；运用不得体，它会成为交往中的绊脚石。

通过本专题的学习，我们要：

（1）学会电话礼仪的规范，掌握电话礼仪在商务活动中的运用；

（2）学会网络通信礼仪的规范，掌握网络交往礼仪在商务活动中的运用。

一、电话礼仪

案例导入

某市举行最佳管理企业的评比，最后A、B两家企业脱颖而出。专家们几番斟酌后决定将桂冠颁给前者。B企业经理闻讯后，很是不服气，找到专家讨说法。专家们找到一部电话，分别打给了两家企业的电话总机。打到B企业时，电话铃响了五六次，才有一个人气喘吁吁地接听，语气粗鲁地说："喂！喂！你哪位，有事吗？"而打到A企业时，电话铃刚响第二次就有人接听，语调亲切谦和："喂，您好，这里是A企业，请问您有什么需要帮助的吗？"B企业经理听后，只得心服口服地离开了。

想一想：B企业经理为什么会心服口服地离开呢？在商务交往中该如何正确地接打电话呢？

电话已经成为各个单位和外界沟通的基本桥梁之一，在工作中使用电话与他人联络体现的是公司的形象，因而职员应当掌握电话使用的基本规范，为公司发展推波助澜。

微课

商务电话礼仪常识

公务往来中的电话交流，可分为接听电话、拨打电话、代接电话与使用手机4个方面的问题。在礼仪规范上，这4个方面往往又有各自的一些具体规定。下面具体介绍接听电话和拨打电话的礼仪。

（一）接听电话的礼仪

接听电话，通常指的是自己在打电话过程中处于被动，通话是接听别人所打来的电话的行为。作为受话人，尽管在通话时未必可以任意操控电话，却依然需要以礼待人。

根据通信礼仪规范，在接听电话时，受话人务必要对以下6个要点加以重视。

1. 及时得体

及时得体是接听电话的礼仪要求之一。在电话礼仪中，有一条“铃响不过三”的原则，就是指接电话的时机以铃响3次左右最为合适。如果是工作电话，最好在铃响3次之前去接，否则会让人怀疑你单位的工作效率，进而影响单位的形象。若在电话铃响了5次后才去接，应向对方说：“很抱歉，让您久等了。”这是一种应有的礼貌。在工作和生活中，我们都应注意遵守这一原则，不要故意拖延接电话的时间。当然，也不要第一次铃声还没响完，就立即去接，这样也不得体。

2. 礼貌问候

语言文明礼貌是重要的电话礼仪要求。不论是打电话还是接电话，首先应向对方恭恭敬敬地问一声：“您好！”然后再说其他内容。具体做法是：先问候对方，然后自报家门，报出自己的姓名或单位。如果有人打错了电话，不可因为对方打扰了自己而大发脾气，甚至在电话中辱骂别人，而应该礼貌地说：“对不起，您打错了。”

3. 认真接听

接听任何电话，均应聚精会神，不允许在接听电话时心不在焉。例如，在接听电话时，不应当同时与第三者交谈，或者手头仍在从事别的活动，诸如看书报、喝水等，否则难以确保自己对对方所言之事听得清、记得准。

4. 反复核实

接听公务电话时，一定要及时对电话里的关键点予以核实。没有听清楚的地方，一定要问清楚；没有记清楚的地方，也应请求发话人进行复述。即使不存在类似问题，在通话结束前也最好还是扼要地向发话人复述一下刚才通话的要点。这样做，既可以避免差错，又可以显示自己认真的态度。

5. 终止有方

终止通话时，具体由哪一方先挂断电话，在礼仪上很有讲究。按照规范，当通话双方具体地位相当时，通常由被求的一方先挂断电话。若双方通话并不涉及实质性问题，应由主叫方即发话人挂断电话，被叫方即受话人则不宜先终止通话。当通话双方具体地位存在较大差异时，则应由其中地位较高的一方先挂断电话。例如，与上司通话时，应由上司先挂断电话；与客户通话时，则应由客户先挂断电话。

6. 及时回复

有时，外面打来电话之际，对方所找之人却不在现场，当时的电话由别人代为接听，或是发话人以录音的方式向自己所找之人留言。碰上这类情况，被找之人应尽快地回复对方的电话。必要时，还应具体说明自己当时未能在场的原因。

（二）拨打电话的礼仪

拨打电话，一般是指在打电话时自己处于主动，是由自己首先把电话打给别人的行为。

此时，拨打电话的一方叫作发话人，而接听电话的一方则称为受话人。当一名职员作为发话人拨打电话给别人时，下述几个方面通常都是需要注意的。

1. 慎选时间

需要给别人打电话时，如果想给对方留下良好的印象，同时取得满意的通话效果，就要注意选择适宜的时间。一般情况下，不要选择过早、过晚、对方忙碌或休息的时间打电话。工作电话应该选择在早上9：00或9：30以后打，午餐、午休时间不宜给对方打电话。往办公室打电话最好避开临下班的时间。最好不要在星期一或放假后的第一天打电话到办公室。如非特殊情况，不要在节假日给对方打电话，以免打扰对方休假。打国际长途时，还应事先考虑一下两地的时差。

2. 做好准备

打电话给别人时，应争取给对方以干脆利索、惜时如金之感。因此，打电话之前，尤其是拨打重要的公务电话之前，一定要有所准备，了解对方的姓名、性别、年龄、打电话的目的、打电话的内容、公司与对方的关系状况，准备好记录的纸和笔等。

3. 礼貌问候

打电话给外单位或外部人士时，一定要在通话之初便以礼相待。为此，既要首先问候对方，又要随即自报家门。通常，问候语“您好”应作为通话的开始语，少了这句话就算失礼。接下来，为了让受话人明了自己的身份，即应自报家门。其具体方式有以下7种：一是报出姓名，二是报出单位，三是报出部门，四是报出单位与部门，五是报出单位与姓名，六是报出部门与姓名，七是报出单位、部门与姓名。最后一种方式通常最为正式。

4. 条理清晰

在打电话时，不论通报一般性事务，还是进行重要的商务洽谈，均应不慌不忙、条理清晰。在电话中进行具体陈述时，要注意有主有次、有点有面、有先有后、有因有果。凡事均应一一道来，循序而行，讲究逻辑。唯有如此，才能令受话人完整、准确、及时地理解发话人所要表达的意思。

5. 确认要点

一般而言，打任何一次电话都有一定的要点。为了保证通话效果，务必注意在电话里对要点加以确认。常用的有效做法有三：一是通话要点宜少忌多，一次电话最好只有一个要点；二是通话之时应明确地对要点加以强调；三是通话结束前需再次对要点进行复述，以强化受话人对其的印象。在正常情况下，最好有意识地将每一次普通通话的时间限定在3分钟以内。

6. 巧对误会

有时在通话的过程中，会出现一些意想不到的差错。不论是否与己相关，发话人均应有错必纠。一是拨错电话号码时，要即刻向对方道歉，不要一言不发，挂断了事。二是线路发生故障，出现噪声、串线、掉线时，发话人应首先挂断电话，然后再主动拨打一次；电话接通后，发话人还应就此向受话人做出必要的解释。

7. 有礼结束

需要结束通话时，发话人应当在下述几个方面表现出应有的礼貌：一是要询问一下受话人是否还有事相告；二是要以“再见”等道别语作为通话的结束语；三是当自己挂断电话时，应双手轻轻放下话筒或轻轻按下通话终止键，切勿突如其来地挂断或用力摔下话筒，令受话人产生误解。

二、网络通信礼仪

（一）电子邮件礼仪

电子邮件，又称电子函件或电子信函，它利用电子计算机所组成的互联网络帮助人们通信，不仅安全保密、节省时间，又不受篇幅的限制，清晰度极高，而且还可以大大地降低通信费用，因而成为商务活动中常见的交流方式。使用电子邮箱通信要求人们遵循一定的规范礼仪。

1. 慎用公务邮件

利用网络办公时所撰写的必须是公务邮件，不可损公肥私，将单位邮箱用于私人联系，不得将本单位邮箱地址告诉亲朋好友。

2. 要让对方知道发件人的身份

写匿名信总给人以不够光明正大之感，有违书信礼仪，发电子邮件亦如此。虽然收件人可看到邮件来自何方，但电子邮箱名称往往是五花八门的，与真名并不相同。因此，当发出电子邮件时，别忘了署上真实姓名或公司、单位名称，别让对方费时、费力地去猜想。当然，如果是经常联系、彼此熟悉的网友，省略署名则未尝不可。

3. 不要强加于人

正如不速之客令主人尴尬一样，不请自到的信息不受欢迎。因此，在发邮件前，要考虑邮件会不会使收件人反感，尤其是广告性的信息，少发为佳；淫秽、暴力等非法内容，决不能发。

如果很有必要把邮件发送到陌生人的邮箱里，应说明缘由并加上道歉的词句。另外，发送较大容量的邮件前要先进行压缩，以减少对他人邮箱空间的占用。

4. 每天检查新邮件并尽快回复

及时回复公务邮件。凡公务邮件，一般应在收件当天予以回复，以确保信息的及时交流和工作的顺利开展。若涉及较难处理的问题，则可先电告发件人已经收到邮件，再择时另发邮件予以具体回复。回复邮件时适当附上原文，以便收件人能很快知道来信主旨。

若由于出差或其他原因而未能及时打开邮箱查阅和回复邮件，应在恢复正常办公后迅速补办具体事宜，尽快回复，并向对方致歉。

5. 写电子邮件应适度简洁

网络的一大特点是便捷，电子邮件可顷刻到达。因此，简洁是写电子邮件的艺术。每一封邮件的主题要明确、清晰，言简意赅，而不要加入过多无谓的客套词句，准确表达即可。

但简洁也应有分寸。如果仅写一封只有两句话的邮件，没有开头、结尾、标点符号，也是不礼貌的行为。

6. 在邮件中不能都用大写字母

如果用的是英语等外语，在邮件中不能都用大写字母。因为在网络上全部用大写字母写信，意味着表达一种非常强烈的观点，有咄咄逼人之意并很难阅读。如果你要强调一个词或者一句话，该词或该句可以全部用大写字母，并在两端用“⋆”符号标记，例如，“Today is a ⋆RAINY⋆

day.”。还应该在电子邮件的主题（Subject）部分写明邮件的主旨，这样才符合礼仪要求。

（二）微信礼仪

目前，微信已成为工作中的重要沟通工具。学习微信交往中的一些基本礼仪是十分必要的。

1. 发送工作微信的基本原则

发送工作微信时，务必遵守礼貌、规范、温和3项基本原则。

（1）礼貌

开头应先问候，一句“您好”就能让对方倍感亲切和自然。如果是在下班时间发送工作微信，最好在开头表示歉意，说明事情紧急，希望得到对方的谅解。结尾处加上一句“谢谢”，也是有礼貌、有修养的体现。

（2）规范

拟写工作微信信息，必须做到语言规范，不能含混表达。拟写前，先弄清发送的内容是什么，不同的内容所使用的格式以及语言也不同。如果是会议通知，最好使用通知的写作格式，这样才显得正式和规范。若是一般的节日祝福，可在开头写上“尊敬的×××”。

（3）温和

每一字、每一句都要让人感觉到你面带微笑，态度温和，娓娓道来。只有让对方感觉舒适，才有助于沟通及工作的顺利开展。

2. 微信内容要规范

（1）称谓恰当礼貌

称谓要表达清楚接收方的身份，并体现礼貌原则。如果是给同事发工作微信，最好称呼具体人名，以示诚意和尊重；如果是给领导发会议通知，称谓最好为领导的姓氏加职位，如“李主任”。称谓恰当，沟通的效果才会更好。

（2）首句反映主题

主题归纳得当，并在首句中说明，便于接收方迅速知晓大致内容，如“市场部××项目讨论会通知”，然后告知会议时间和地点，如“9月5日上午10：00，101会议室”，有助于接收方及时高效地读取信息。

（3）内容简洁、有条理

工作微信的正文可以参照事务性通知的写作模式，第一部分说明背景及目的，第二部分说明具体事项。在内容表述上应当做到以下两点。

一是简洁明确。尽可能用一条微信容纳全部信息，减少微信往来次数。

二是条理清楚。例如，某单位领导发微信给他的秘书小赵：“明天上午10：00你去车站接一下李主任，另外把去年的工作总结给我看一下。陈主席（署名）。”有3年工作经验的小赵是这样回复的：“陈主席，来信收到。①明天上午9：30我到车站接李主任，接到后通知您；②去年的工作总结我已放在您的桌上。小赵。”

（4）尾语按需设置

如果是比较重要的事情，可在结尾处注明“收到请回复，谢谢！”以确保信息传递到位。如果隔了较长时间还没有收到回复，有必要打个电话确认对方是否收到信息。用微信发布工作通知，应使用专用尾语“特此通知”，以示规范和严谨。

（5）署名明确勿漏

工作微信较为正式和规范，结尾处必须署名。若微信末尾没有署名，接收方又没有备注过发送方的真实姓名，接收方就无从得知发送方是谁，也就失去了用微信传递信息的价值。

3. 微信添加好友的注意事项

（1）微信扫码

在礼仪中，有一个悖论：下级见到上级，按理说应该主动先伸手，但是上级如果不伸手，下级是不是非常尴尬呢？所以，国际商务礼仪规定的握手顺序为：女士先伸手、长辈先伸手、上级先伸手、主人先伸手。但这个规定在微信世界还适用吗？基本原则不变，但动作顺序正好相反。

拥有知情权和好友申请通过决定权的人是“长辈”，因此为表示尊敬或者自谦，应该主动扫“长辈”的微信二维码，让“长辈”有知情权和通过决定权。

按照长幼有序、主客适宜的原则，应该是“晚辈（下属、主人、男士、乙方等）”去扫“长辈（上司、客人、女士、甲方等）”的微信二维码。不论是谁先提出添加微信的，都应该是由“晚辈”去扫“长辈”的微信二维码。

（2）申请加微信，作好简单自我介绍

通过微信添加好友，为让“长辈”有更多的知情权和加大通过概率，自我介绍时应发送“公司+职位+名字”。

4. 微信聊天礼仪

（1）及时回复他人的微信

在微信沟通中，应及时回复他人的微信。如果没能及时回复，也要在方便的时候向对方解释原因并表达歉意。即使对方发的内容你完全没有兴趣，也要适当地、礼貌地回复，不要故意不理对方。

（2）文字代替语音

用微信交流时，能用文字尽量使用文字，特别是汇报工作或者有其他重要且复杂的事项需要沟通时。如果对方在开会或者在上课，很可能不方便听语音，而文字总是一目了然，也节省阅读时间。即使要发语音，也最好提前询问一下对方是否方便。

（3）巧用表情符号

聊天时适当使用表情符号能更直观地表达自己的情绪，也能通过表情符号释放出自己的善意，以及愿意与对方沟通互动的心意，活跃聊天气氛。当然，发送表情符号也要适度。

（4）尽量不要随便发出语音聊天请求和视频聊天请求

如果你打字比较慢，或有急事要通过语音沟通，在发送语音聊天或视频聊天请求之前，可先发送文字信息，询问对方是否方便。

礼仪实践

分组进行情景模拟，进行通信礼仪实践活动。情景自定，如商务洽谈前沟通，上下级任务布置、汇报工作等。

专题二　执行与沟通

任务与目标

对职场新人来说，执行力是决定你是否可以尽快适应职场身份的关键，也是决定你能否走得更远的基础。有效沟通是正确执行的前提，正确执行是有效沟通的结果。

通过本专题的学习，我们要：

（1）提升自己与领导沟通的能力；

（2）了解请示与汇报工作的要求；

（3）掌握进行演讲与展示的方法。

一、与领导沟通

（一）与领导沟通的意义

1. 与领导有效沟通是保证工作顺利进行的必要前提

与领导有效沟通，是更准确、更高效地领会工作精神，把握工作要求，制定工作方案，提高工作效率和反馈质量，保证工作顺利开展和完成的必要前提。

2. 与领导有效沟通是构建团队融洽关系的重要手段

团队气氛和谐、关系融洽是团队形成凝聚力的基础。与领导有效沟通，既能使领导及时了解员工工作进程和心理状态，又能为领导对员工进行个人关怀、激发员工才智创造机会，进而为构建融洽、和谐的团队打下坚实基础。

3. 与领导有效沟通是获得职业幸福感的主要路径

与领导有效沟通是人本管理的基本要求，是员工领会工作意义、实现自身价值、提高工作满意度、提升职业幸福感的主要路径。

（二）与领导沟通的原则

1. 尊重原则

尊重是一切沟通活动顺利开展的基础。与领导沟通时的尊重不仅是礼仪的要求，更是与领导建立有效和谐沟通机制的前提。

尊重原则体现在以下几个方面：在人格上尊重领导，与领导相处时注重礼仪礼节，自觉维护领导的尊严与威信，服从领导的决定，必要时为领导解围、救场。

需要注意的是，员工与领导在工作中是上下级关系，在人格上是平等关系。对领导唯命是从、阿谀奉承是不可取的。

2. 适度原则

（1）切忌越级、越位

不要代替领导作决定，不要“代劳”本该由领导出面或亲自处理的事情。汇报请示工作时，不要越级、越位，以免扰乱正常工作秩序，造成管理混乱。

（2）心理交往适度

与领导沟通时，既不能过于自卑、畏惧领导、唯唯诺诺，不敢正确表达自己的观点；又不能过于自负，看不起领导，武断专行。

（3）沟通适度适当

沟通不可过于频繁，事事沟通、时时沟通会影响领导工作，造成管理资源浪费。沟通亦不可周期过长，次数过少，以至于无法得到领导在工作上的及时反馈与帮助，影响工作进度。

3. 语用原则

语用原则是指与领导沟通中的语言使用原则。

（1）完整简明

与领导沟通时必须有所准备，要做到沟通内容完整，语言表述简明扼要。切忌向领导传递片面的、不完整的信息，导致领导误判。与领导沟通时，切忌思维混乱，说话啰唆，毫无重点，影响沟通效率。

（2）切忌词不达意

学习并掌握沟通技巧，准确使用沟通语言，清晰而正确地向领导传递自己的想法，适当使用肢体动作等非语言沟通方式辅助表达，切忌因词不达意造成误解。

（3）切忌语言浮夸

与领导沟通时切忌语言浮夸，添油加醋，歌功颂德，邀功请赏，刻意附和、奉承。

（三）与领导沟通的常见问题

与领导沟通不顺畅，往往会影响工作进度和质量，造成领导与员工之间的误解，形成不融洽、不和谐的团队氛围，甚至导致员工离职。与领导沟通的常见问题如下。

1. 信息不对称问题

与领导沟通时，信息传递可能出现偏差，造成信息不对称的沟通障碍。出现该问题的主要原因有三：一是员工沟通时对信息进行选择性报送，报喜不报忧，删减对自己不利的信息，以致影响领导对全局的把控和研判；二是员工与领导沟通时不够诚实，无中生有，致使领导无法客观了解工作现状；三是员工与领导进行应付式沟通，信息质量较差，影响领导科学决策。

2. 沟通时机问题

与领导沟通时机不恰当，会扰乱沟通节奏，破坏沟通氛围，影响沟通效率。常见的沟通时机问题主要有以下表现：一是选择不恰当的时间进行沟通，如选择在领导正着急处理其他紧急事务时进行沟通；二是选择不恰当的地点、环境进行沟通，如沟通场所无私密性，环境嘈杂，人员复杂，使领导感到不舒服、不方便或者受束缚；三是状态欠佳时进行沟通，如在双方身体欠佳、有不良情绪时沟通，会影响沟通效果。

3. 沟通方式问题

沟通方式问题造成的沟通障碍主要有以下表现：一是正式沟通与非正式沟通方式选择错误，如应正式行文沟通时选择口头沟通；二是沟通媒介选择错误，如重要且应保密的内容应选择当面汇报，而不应采用其他容易泄露信息的方式沟通。

4. 沟通心理问题

与领导沟通时的心理问题，主要表现为沟通焦虑和沟通冷漠。如害怕领导对结果不满，沟通前过于担忧，沟通时过于紧张，沟通后过于不安、过度猜测；与领导对话时，战战兢兢，害怕被领导提问，担心说错话以致无法正常沟通；对沟通场合、气氛感觉紧张不安，压力过大，缺乏自信，不愿主动与领导接触，甚至产生社交恐惧等。

5. 组织结构问题

企业组织结构体系混乱、管理存在问题导致的沟通障碍主要表现在以下方面：一是员工与领导的沟通渠道不畅，导致沟通无法进行。二是企业采取封闭式、刚性管理，领导单方面强调效率标准，容易引发员工的心理抵触，从而使员工拒绝沟通。三是工作任务重复性高、单调乏味，或工作协调不当，组织内沟通较少，使得员工交际能力下降，影响与领导沟通的效果。

（四）与领导沟通的策略

1. 做好沟通前的准备工作

（1）正确、客观地进行自我评估

对自己的个性特点、心理状态、情绪状态、沟通能力进行全面的认识和评估，对存在的问题和不足进行针对性的纠正与训练，增强与领导沟通的自信心。

（2）充分了解领导

充分了解领导的个性特征和风格；充分了解领导的需求和要求，包括对工作的要求和对员工的要求；重点了解领导的近期工作日程、工作重点和身心状态，以选择恰当的沟通时机。

（3）熟悉公司制度

熟悉公司的组织结构，了解不同领导的级别、分工和岗位职责，以保证与领导沟通时不越级、不越权。

（4）培养与领导沟通的能力

学习语言沟通与非语言沟通的方法，并在沟通实践中不断培养与领导沟通的能力。培养与领导沟通的能力，主要包括掌握倾听、回应、说服、赞美等沟通方法；训练沟通礼仪；提升请示、汇报、演讲、展示等与领导沟通的能力水平。

2. 选择恰当的沟通策略

（1）选择恰当的沟通渠道和时机

选择恰当的沟通渠道和时机，可以借鉴美国管理学家斯蒂芬·科维对事情的分类方式：重要且紧急的事情要马上与领导进行口头沟通；重要但不紧急的事情可以暂缓沟通并选择书面沟通的方式；紧急但不重要的事情可以选择口头沟通或电话沟通的方式；既不重要又不紧急的事情可以选择反馈相对较慢的沟通方式，如邮件沟通等。

扫码看资料

主要沟通方式的优缺点

（2）遵循有效沟通的“7C”原则

在沟通过程中，可遵循有效沟通的“7C”原则，即可信赖性、一致性、内容的可接受性、表达的明确性、渠道的多样性、持续性与连贯性、受众能力的差异性。

（3）明晰领导职责和权限

根据不同领导的分工、级别、职责及权限选择沟通对象，保证沟通具有针对性，提升工作效率，保证沟通不越级、不越权。

（4）认真观察、专注倾听、积极反馈

认真观察领导的情绪、语气、语调、肢体动作变化，适时调整沟通的策略。专注倾听，听懂并理解领导的信息，注意不要随意打断领导谈话。进行有效、积极的反馈，包括目光接触、点头赞许，并辅以适当的询问互动，确认自己对信息的理解正确，使沟通深入。

（5）语言沟通与非语言沟通相结合

语言表达要准确、重点突出，同时注意语速、重音、停顿、语气等要适度，并辅以恰当的肢体动作。

3. 沟通后做好整理与复盘

与领导沟通后，及时进行沟通复盘，根据领导在沟通中布置的任务和要求，制订下一步的行动计划；分析、总结、反思沟通过程中的问题，并针对性解决，提升自己的沟通能力。

文化小贴士

古代名士与“领导”沟通的故事——邹忌讽齐王纳谏

二、请示与汇报

请示与汇报是领导统揽全局、制定战略的基础，是确保各种信息在领导和员工之间顺畅传递、共享的重要措施，是领导管理措施顺利下达的重要前提，是领导了解员工近况、工作进展的重要途径。

微课

与领导沟通的技巧

（一）请示概说

1. 请示的含义

请示是员工在遇到权限范围内无法处理和决定的事项时，向领导请求帮助，希望领导给予指示、说明处理原则和方法的一种沟通方式。

需要注意的是，请示也是一种“适用于向领导请求指示、批准”的公文。（请示作为公文的写法及要求详见本项目专题三。）

2. 请示的分类

根据内容的不同，请示可分成3类：一是请求指示，员工对工作任务有不同的理解，希望领导给予解释说明、补充；二是请求批准，员工遇到困难时无法自行解决，需要领导给予帮助、裁决、处理、批准等；三是请求批转，员工不能直接要求平级或不相隶属的部门协助工作，需要领导帮助协调。

（二）汇报概说

1. 汇报的含义

汇报又称报告，是员工向领导报告工作、反映情况、陈述问题、提出意见或建议、回答领导询问的沟通方式。

2. 汇报的分类

汇报可以根据内容的性质分成3类：一是工作汇报，用于汇报工作进程、总结经验、反映问题等，应用较为广泛；二是情况汇报，调研重大情况、特殊情况、新情况后，向领导汇报，此种情况不需要领导答复；三是答复汇报，答复领导的提问、咨询，说明答复依据，就答复事项进行回答。

（三）请示、汇报中常见的问题

1. 独断专行，不愿请示、汇报

员工认为自己可以解决，长期不向领导请示、汇报；出了问题，遮遮掩掩，对领导隐瞒，造成工作失误，严重影响工作进展。

2. 越级跳级，不讲规矩

不按照组织原则和程序逐级请示、汇报，直接越级、跳级，造成管理措施传达途径混乱，甚至造成领导之间的矛盾。

3. 事事请示，时时汇报

小题大做，不愿承担责任，为避免犯错，凡事均向领导请示，推诿扯皮，拈轻怕重，严重浪费领导时间和资源，造成任务进展滞后。

4. 先做后问，先斩后奏

紧急、重要事件不向领导请示、汇报，或不等领导决策就按照自己的想法执行，做完之后再找领导汇报，让领导承担责任。

（四）请示、汇报的策略

1. 做好请示、汇报的准备

无论是临时型、预约型还是周期型的请示、汇报，都必须提前做好充分的准备，以节约领导时间，提高工作效率。

准备工作包括梳理请示、汇报思路，明确请示、汇报的目标，拟定请示、汇报的提纲，设计请示、汇报的重点，预想可能出现的问题等。

同时要注意汇报时，事前、事中、事后等不同阶段的侧重点应有所不同。

2. 选择恰当的请示、汇报时间

请示必须在事前进行，等待领导批复后按领导要求执行。需预估领导处理批复的时间，并以此时间推算出向领导请示的时间节点。务必保证请示及时，并给领导留出较为充裕的处理时间。

汇报时要注意，应在完成工作后第一时间向分管领导汇报。如果执行任务过程中出现自己无法解决的新问题、新情况等，也要及时向领导汇报，以保证任务顺利进行。

3. 选择合适的请示、汇报方式

请示、汇报主要有口头、电话、书面和网络（PPT、通信软件、OA系统等）4种方式。要根据问题的重要程度（一般来说书面方式对应的问题重要程度更高）、任务的具体内容（如有些突发性事件，应采取口头或者电话方式汇报）、任务紧急性（紧急任务多选择口头或电话方式汇报）、规范化要求、地点的限制等因素进行综合考量，有时需要同时使用多种方式。

4. 请示、汇报的内容符合要求

请示、汇报内容要符合以下要求：客观、真实；开门见山、直奔主题；详略得当，重点突出；主次分明，抓住要害；语言简练准确、符合逻辑，叙议结合，论据充分等。需要特别注意的是，书面形式的请示、汇报必须严格遵守相关格式要求。（详见本项目专题三）

5. 注意请示、汇报的频率

注意请示、汇报的频率，多汇报少请示。对于重大的、自己权限以外的问题要及时请示，等待领导批复后按要求执行。属于自己管理权限和审批权限之内的日常事务，只需后期向领导汇报结果，不必事无巨细、过度汇报。对于难度较大且重要的非日常事务，在执行过程中出现新问题时也要及时向领导汇报。

6. 请示、汇报过程中积极反馈

在请示、汇报过程中，要对领导的言语做出积极有效的反馈：专注倾听，不要随意打断领导谈话；反应知会，可以通过点头、微笑等方式让领导知道自己正在认真倾听；适时询问、互动，向领导提问以进行更加深入的沟通；关注领导的情绪变化，推测领导的心理状态，如领导注意力已经转移，应适时结束谈话。

还需注意的是，汇报、请示时，员工应持有的正确态度与底线是以大局为重，以尊重为出发点，以服从为基本点。

沟通实践

请分析下面案例中小李的问题出在哪儿？又该怎么解决呢？

小李到单位工作有近10年的时间了，应该算是一位老员工，对于业务范围内的工作可以说是驾轻就熟了。他毕业于一所重点大学，性格比较内向，工作能力很强，平时自我感觉也还不错，认为在自己的业务范围内，还没有什么事能够难得住自己。他对待工作的态度是很认真的，而且也经常加班，由于付出比较多，又有一定的工作经验，因此，在前年，被任命为部门的负责人，手下有几名员工。这几名员工学历比小李低一些，而且进单位的时间也不是很长，小李一直不放心把工作交给他们完成。而且看到别的部门经常召开部门例会，小李对此嗤之以鼻，总觉得部门例会就是流于形式，解决不了什么问题，反而会耽误正常工作，影响工作进度。因此，小李的部门是从来不开部门例会的。

前段时间，单位进行一些专项改革工作，小李所在的部门承担了部分工作，包括制度的制定、考核办法的实施以及大量的文字工作，所以工作任务相比其他时候更重了，但小李并没有怨言，仍然执着地埋头苦干，而他手下的人就感觉轻松多了，因为小李自己承包了大多数的工作，他们倒也乐得个清闲自在。

直到有一天，分管小李部门的领导赵经理突然打电话给小李，让他火速到办公室来一趟。小李心想，有什么事这么急，自己手头还有大量的事没干。他就这么一边想一边来到赵经理的办公室，刚一进办公室，小李就看见赵经理满脸阴云，小李心中隐隐有种不祥的预感。果然，赵经理开口就质问小李："小李，上个月我布置给你的一份关于客户市场调研计划的报告，你完成得怎么样了？昨天是最后期限，集团老总马上要拿这份报告到会上研究，你的报告呢？"

小李听后，大吃一惊，前几天还记得这事，由于手头工作多，一放就给忘记了，而且他还记得自己当时觉得这份报告有很大的难度，特别是执行思路和客户信息这一块，不属于自己的业务范围，需要别的部门配合，因此就拖了下来，也没有及时把困难向赵经理报告，没想到这一拖就把这事拖忘了。

小李满头大汗，只能实事求是地说："赵经理，由于工作太多，而且这项工作有很大的难度，我一放就给忘了。"赵经理本来心情就不好，听到小李这么说，再也控制不了自己的情绪，质问小李："这么重要的工作没做，你一句'忘了'就行了？我对集团老总怎么交代？你要好好反省，等我的通知，你要在全体员工会议上做深刻检讨。"

小李听后，心里充满了委屈，心想自己一直任劳任怨，没有功劳也有苦劳，赵经理也太没人情味了，不就是工作没按时完成吗，至于这样兴师动众地让自己难堪吗？这段时间自己忙得焦头烂额，赵经理不但没有一句安慰的话，反倒劈头盖脸一顿教训，这是什么领导？小李心里虽然这样想，但碍于领导的身份，不好说出来，就这样带着情绪回到了部门。由于心情不好，小李看谁都不顺眼，手下的几个人也没少挨小李的训，这样一来，小李和部门人员之间的关系紧张了起来。由于大家情绪都不是很好，部门的工作业绩也不断下滑，小李感到很无助，更多的却是委屈和烦恼。

（该案例来源于网络）

专题三　党政机关公文写作

任务与目标

任何一个机关和企业都离不开公文写作。学习公文写作是每一位从事管理工作的人员更好地履行岗位职责、提高自身写作水平的重要途径。

通过本专题的学习，我们要：

（1）了解公文的概念、种类、特点，掌握公文的行文方式；

（2）了解常用公文的文章结构，掌握不同文种的基本写法；

（3）了解不同文种的写作要求，掌握公文语言的表达特点；

（4）了解不同文种的区别，根据工作需要正确选用文种。

公文是公务文书的简称，有广义和狭义之分。本专题介绍狭义的公文，即党政机关公文，选讲几种常用公文的写作规范。

一、党政机关公文概述

（一）党政机关公文的含义

《党政机关公文处理工作条例》中指出："党政机关公文是党政机关实施领导、履行职能、处理公务的具有特定效力和规范体式的文书，是传达贯彻党和国家的方针政策，公布法规和规章，指导、布置和商洽工作，请示和答复问题，报告、通报和交流情况等的重要工具。"

党政机关公文共有15种，即决议、决定、命令（令）、公报、公告、通告、意见、通知、通报、报告、请示、批复、议案、函、纪要。

（二）公文的特点

微课

公文的特点和行文关系

1. 鲜明的政治性

公文要传达、贯彻党和国家的路线、方针、政策、法规与规章，用于实施领导和管理，体现和反映党和国家机关的政治意向、指挥意志、行动意图，维护党和政府的权威及其所代表的人民群众的根本利益，因而具有鲜明的政治性。

2. 法定的权威性

公文的法定权威性，是指公文在一定时间与空间范围内对受文者的行为所产生的指挥、协调、约束等强制性作用。这种强制性来自公文作者的法定地位及其职权范围，具体表现为下级机关对上级文件的贯彻执行与回复，上级机关对下级来文的回复，同级机关之间公文的往复等。

3. 作者的法定性

公文的作者是发文的机关单位、合法组织及其负责人。法定作者是依法成立并能以自己的名义行使职权、承担义务的各类社会组织（即党政机关、企事业单位和人民团体等）及其法定代表人。各机关在制发公文时必须标明发文机关，加盖发文机关印章或签署领导人职务、加盖签名章。

4. 作用的时效性

公文是在现实工作中形成和使用的，它的作用有时间上的限制，即具有时效性。就每份具体的公文来说，它的时效长短有别，有的长达几十年，如法律性公文、长远规划、结论性决议；有的时效则很短，如某项具体工作的通知，在该项工作完成之后就失效。

5. 格式的规范性

公文是一种重要而常用的公务信息沟通工具。由于公文在各级各类社会组织范围内传递、运转和处理，其必须具有既能全面表现公文权威性、严肃性、规范性，又便于人们识别、接收和处理的外观形式。我国国家标准化管理机构制定了统一的公文格式《党政机关公文格式》（GB/T 9704—2012），制发公文必须依照相关标准编排公文格式。

微课

公文落款和用印规范

6. 处理程序的严谨性

公文从形成到承办处理要经过一个特有的处理程序。为了保证公文在制作、传递、处理等过程中准确、及时，中共中央办公厅、国务院办公厅于2012年4月16日印发、2012年7月1日起开始施行《党政机关公文处理工作条例》，对公文处理原则、公文种类、公文格式、行文规则、公文拟制、公文办理、公文管理等各方面业务均作出了严格明确的规定，要求各个单位在公文处理过程中严格按照规定执行，确保公文处理和公务活动的正常进行。

（三）明确行文规则

要明确行文规则，就需要了解行文关系、行文方向和行文方式。

1. 行文关系

公文的行文关系是行文规则的基础。行文关系是根据隶属关系和职权范围确定的，是根据组织系统、公文法定作者的职权范围与行文单位间的隶属关系确立的发文单位与收文单位之间的关系。根据单位各自的隶属关系和职权范围来看，各机关之间的关系主要有5种。

（1）直接隶属关系。直接隶属关系是指上一级机关与直接的下一级机关之间的领导与被领导的关系。

（2）间接关系。间接关系是指处于同一垂直系统的，但又不是上下直接相邻的领导与被领导单位之间的关系。

（3）业务指导关系。业务指导关系是指各业务系统内上级业务主管部门和下级业务主管部门之间的关系。

（4）平行关系。平行关系是指处于同一系统内的同级机关、单位之间的关系。

（5）不相隶属关系。非同一系统的机关之间的关系，统称为不相隶属关系。

2. 行文方向

行文方向是以发文机关为基准，公文向不同层次的机关单位运行的方向。按照公文在各级机关之间的运行方向，公文可分为上行文、平行文和下行文。

（1）上行文，指下级机关向上级机关呈递的公文，如请示、报告等。其具体应遵循如下原则。

① 原则上主送一个上级机关，根据需要同时抄送相关上级机关和同级机关，不抄送下级机关。

② 党委、政府的部门向上级主管部门请示、报告重大事项，应当经本级党委、政府同意或者授权；属于部门职权范围内的事项应当直接报送上级主管部门。

③ 下级机关的请示事项，如需以本机关名义向上级机关请示，应当提出倾向性意见后上报，不得原文转报上级机关。

④ 请示应当一文一事。不得在报告等非请示性公文中夹带请示事项。

⑤ 除上级机关负责人直接交办事项外，不得以本机关名义向上级机关负责人报送公文，不得以本机关负责人名义向上级机关报送公文。

⑥ 受双重领导的机关向一个上级机关行文，必要时抄送另一个上级机关。

（2）平行文，指不相隶属的机关单位之间的相互行文。收发文双方本着平等沟通的原则进行公文往来，如函来函往。

（3）下行文，指上级机关对下级机关制发的文件，如决定、命令（令）、公报、公告、通告、意见、通知、通报、批复等。其具体应遵循如下原则。

① 主送受理机关，根据需要抄送相关机关。重要行文应当同时抄送发文机关的直接上级机关。

② 党委、政府的办公厅（室）根据本级党委、政府授权，可以向下级党委、政府行文，其他部门和单位不得向下级党委、政府发布指令性公文或者在公文中向下级党委、政府提出指令性要求。需经政府审批的具体事项，经政府同意后可以由政府职能部门行文，文中须注明已经政府同意。

③ 党委、政府的部门在各自职权范围内可以向下级党委、政府的相关部门行文。

④ 涉及多个部门职权范围内的事务，部门之间未协商一致的，不得向下行文；擅自行文的，上级机关应当责令其纠正或者撤销。

⑤ 上级机关向受双重领导的下级机关行文，必要时抄送该下级机关的另一个上级机关。

值得注意的是，这种划分不是一成不变的，比如我们通常把“通知”看作下行公文，但有时不相隶属的机关、单位之间，或者平级机关、单位之间在不存在指示和指导的情况下也采用“通知”互通有无，它虽然不属于平行文，却有平行的职能。

3. 行文方式

行文方式根据工作需要和机关单位的行文关系来确定，可根据不同的标准进行分类。

（1）根据行文对象划分

① 逐级行文，指行文机关向自己的直接上级上行公文或向直接下级下行公文。例如，请示必须逐级请示，且主送一个上级机关，不得擅自越级。

② 越级行文，指行文机关越过自己的直接上级或直接下级，向非直接上级或非直接下级

行文。如遇特殊情况、紧急情况、突发事件，需要直接向再上一级机关汇报情况、请求事项或向再下一级机关布置工作。如果采用这种行文方式，必须要抄送被越过的机关。

③ 多级行文，指行文机关同时发文给上几级或下几级机关，甚至直达基层与人民群众。

④ 普发行文，指行文机关向所属的所有机关同时发文。

⑤ 通行行文，指行文机关向隶属机关和非隶属机关、群众等的一次性泛向行文。这类行文往往没有明确的收文对象，如公告、通报等。

（2）根据发文机关的数量划分

① 单独行文，指只以一个机关的名义发出的公文。

② 联合行文，指以两个或两个以上的平行机关的名义共同发出的公文。《党政机关公文处理工作条例》第十七条明确规定："同级党政机关、党政机关与其他同级机关必要时可以联合行文。属于党委、政府各自职权范围内的工作，不得联合行文。"

（3）根据行文对象的主次划分

① 主送，指要求对公文予以办理或答复的主要受理机关，是行文机关直接对与行文内容关系密切、需要回复或贯彻执行的机关单位的行文。上行文一般只写一个主送机关，下行文可以有若干机关。

② 抄送，指在行文主送的同时，向需要了解行文内容的其他机关单位行文。

扫码看资料

公文中的简称

二、通知的写作

（一）通知的含义

《党政机关公文处理工作条例》规定，通知适用于发布、传达要求下级机关执行和有关单位周知或者执行的事项，批转、转发公文。

通知主要用于发布规章、传达要求下级机关执行以及需要有关单位周知或者共同执行的事项；批转下级机关的公文、转发上级机关和不相隶属机关的公文；还可用于任免和聘用干部。

（二）通知的种类

从内容和性质上看，通知可分为发布性通知，批转、转发性通知，指示性通知，告知性通知，会议性通知，任免或聘用性通知。

（三）通知的特点

1. 广泛性

通知不受发文机关级别高低的限制。通知主要用作上级机关、组织对所属成员的下行文，但平行机关之间、不相隶属的机关之间，也可使用通知知照有关事项，这时不使用下行文的版头，多采用信函格式。

2. 常用性

通知的内容十分广泛，且行文方便，写法灵活自由，因此通知是各级党政机关、企事业单位、社会团体使用频率最高的公文种类。

3. 时效性

通知对时效性具有明确的要求，它所传达的事项往往要求受文者及时知晓或迅速办理，不容拖延。有些通知只在指定的一段时间内有效，如会议通知，会议一召开，通知就失效。

（四）通知的写法

通知由标题、主送机关、正文、落款等部分组成。

通知的写法灵活，涉及内容广泛，不同类型的通知有不同的写法。各类通知的主送机关和落款部分没有太大区别，下面主要介绍不同类型通知的标题和正文的写法。

1. 发布性通知

这类通知主要用于发布规章制度和其他重要文件。

（1）标题。一般使用完全式标题，即“发文机关名称+关于发布（颁布、印发）+被发布的文件名称+通知”。如果被发布的是法规性文件，应加上书名号，把发布的法规性文件作为附件处理。在发布对象中，凡属法规性文件，标题与行文一般用“颁布”“颁发”“发布”，其他文件则用“印发”，如《国务院关于印发〈国务院工作规则〉的通知》。

（2）正文。依次写清被发布的规章名称、发布的目的、执行的要求和实施的日期即可，篇幅简短。有的通知还需要简要说明被发布规章的适用范围和执行过程中的有关事宜。

2. 批转、转发性通知

这类通知用于批转下级机关的公文，转发上级机关、平级机关和不相隶属机关的公文。被批转、转发的公文作为通知的附件。

扫码看资料

转发性通知的标题拟定

（1）标题。批转、转发性通知的标题比较特殊，通常由转发机关名称加上“批转”或“转发”，然后加上被转发文件全称，再加上“通知”组成，如《市住建委关于转发〈天津市人民政府关于印发天津市加强质量认证体系建设促进全面质量管理实施方案的通知〉的通知》。

（2）正文。简要写明批转（转发）的文件名称、目的和要求，这类通知称为照批照转式通知。有些批转、转发性通知除写清楚上述内容之外，还扼要阐述被批转或转发公文的重要性、必要性以及执行过程中的具体要求，或补充完善有关内容，这类通知称为按语式通知。

3. 指示性通知

这类通知用于上级机关向下级机关传达领导或职能部门的指示、意见，阐述政策措施，部署工作，阐明工作的指导原则，要求下级机关办理或共同执行等。

（1）标题。一般使用完全式标题，如遇特殊情况，还可在“通知”前加“联合”“紧急”“补充”等字样，如《××关于进一步加强中小学（幼儿园）安全工作的紧急通知》。

（2）正文。该部分由发文缘由、具体事项和结尾构成。

① 发文缘由主要阐述行文的依据、目的和意义，其目的是提高受文者对通知事项的必要性和重要性的认识，提高执行的自觉性和积极性。

② 具体事项是指示性通知的主体部分，应写明指示的具体内容，并阐述执行的具体方法。具体事项多采用条款方式，应注意条与条、项与项之间的逻辑关系。

③ 结尾一般是提出希望或要求。

4. 告知性通知

这类通知是将新近决定的有关事项告知受文者时使用的通知，用于传达需要有关单位周知的事项。这类通知的内容非常广泛，如人事调整、机构的设立和撤销、迁移办公地址等。

（1）标题。一般采用“发文机关名称+事由+通知”结构。

（2）正文。这类通知的正文无固定的写法，写清告知事项的依据、目的和具体告知内容即可。

5. 会议性通知

这类通知专门用于通知召开会议的有关事项。

（1）标题。一般采用“发文机关名称+关于召开××会议+通知”结构，如《国家××总局关于召开全国安全生产工作会议的通知》。

（2）正文。会议性通知在写作上具有要素化的特点，需写明会议名称、发文目的、主要议题、开会时间、开会地点、参加人员、会前准备及其他事项等。

6. 任免或聘用性通知

这是党政机关任免、聘用干部时使用的通知，也包括设立和撤销机构的通知。这类通知与告知性通知区别不大，因其用途特殊，一般独立为一类。

（1）标题。一般为《××关于××等任免职务的通知》。

（2）正文。写明任免事项或设立和撤销的事项即可，有的也交代任免依据、工作程序等。在行文时，遵循先任后免或先设后撤的原则。

三、意见的写作

（一）意见的含义

意见是对重要问题提出见解和处理办法的党政机关公文。

（二）意见的种类

根据性质和用途的不同，意见可分为以下4类。

1. 指导性意见

指导性意见是上级机关对有关问题或工作提出政策性、倾向性观点的下行文。这种意见对下级机关有一定的约束力，但下级机关在落实时也具有变通性。有些工作部署不宜以决定、命令、通知等文种行文时，便多以指导性意见行文。

2. 实施性意见

实施性意见是对未来某一段时期某方面工作提出目标任务、办法措施、步骤和实施要求的下行文。这种意见用于指导下级机关工作，与工作计划相似，因此又称计划性意见。

3. 建议性意见

建议性意见是下级机关向上级机关提出工作建议、设想的上行文，它可分为呈报类意见和呈转类意见。呈报类意见用于向上级机关提出某方面工作的建议、意见，向上级机关献计献策，供上级机关决策参考。呈转类意见用于职能部门就开展和推动某方面工作提出初步设想和打算，呈送上级机关审定后，由上级机关批转有关方面去执行。有时，建议性意见也可用建议性报告来行文。

4. 评估性意见

评估性意见是业务职能部门或专业机构就某项专门工作、业务工作在经过调查研究或鉴定评议后得出的，送交有关方面的鉴定性、结论性意见。它有时候作上行文，有时候作下行文，但主要还是作不相隶属机关之间的平行文。

（三）意见的特点

1. 指导性

下行的意见既可对工作提出要求，作出指导，又可对工作提出建议。意见虽然在文种的字面含义上不像指示、批复那样具有明显的指导色彩，似乎只是对某方面工作提出一些意见供参考，但实际上它也是指导性很强的文种。

2. 原则性

下行的意见通常不是具体的工作安排，而是从宏观上提出工作原则、工作目标、工作任务和要求等，要求下级机关结合实际，参照文件中提出的要求来办理。下级机关在落实意见精神时，比起执行指示有更强的灵活性。

3. 针对性

意见有着较强的针对性。它总是根据工作需要，针对某一重要的问题提出见解或处理意见，这些意见对于解决当前存在的问题都起着积极的作用。

4. 多向性

意见的行文具有多向性。意见既可作为下行文，表明主张，作出计划，阐明工作原则、方法和要求；又可作为上行文，提出工作见解、建议和参考意见；还可作为平行文，就某一专门工作向平行的或者不相隶属的有关方面作出评估、鉴定和咨询。

（四）意见的写法

意见一般由标题、主送机关、正文、落款4部分组成。

1. 标题

一般使用完全式标题，由发文机关名称、事由和文种构成，如《国务院关于加强数字政府建设的指导意见》《国务院办公厅关于推动外贸保稳提质的意见》。

2. 主送机关

上行意见和平行意见均有主送机关，评估性意见和下行意见有时可省略主送机关。

3. 正文

不同种类的意见，其正文有不同的写法。

（1）指导性意见和实施性意见

这两类意见属于下行意见，其正文开头部分一般先交代某项工作的现状和存在的问题，在目的句“为了……现提出如下意见”之后，转入主体部分。主体部分对某项工作提出政策性、倾向性意见，或者对完成某项工作提出措施、方法和步骤等实施要求。结尾部分通常用“以上意见，请结合实际情况贯彻执行”这类语句作结。

（2）建议性意见

这类意见属于上行意见，其正文开头写明提出意见的依据、背景和目的，主体部分是下级机关就有关问题或某项工作提出的见解、建议或解决办法。提出的意见要符合政策法规，具有合理性或可操作性。呈报类意见一般用“以上意见供领导决策参考”“以上意见供参考”等语句作结。呈转类意见通常用“以上意见如无不妥，请批转……执行”等语句作结。

（3）评估性意见

评估性意见一般开门见山，以“现对……提出如下鉴定意见”引出具有针对性、科学性的具体结论。主体部分主要写调查、研究、论证等方面的内容。这类意见作出的评价、鉴定一定要科学、公正，用事实和数据说明情况，提出的结论要实事求是，恰如其分，尤其是批评性意见一定要有理有据，不但要指出错误和不足之处，也要尽可能提出改进意见。

4. 落款

在正文之后右下方写明发文机关名称和成文日期。

扫码看资料

意见的写作技巧

四、通报的写作

（一）通报的含义

通报是用于表彰先进、批评错误、传达重要精神和告知重要情况的公文，属于下行文。

（二）通报的种类

通报可分为表彰性通报、批评性通报和情况性通报3种类型。

1. 表彰性通报

表彰性通报主要用于表彰先进人物、先进集体，介绍先进经验，其主要作用是表彰先进、树立榜样，以达到激励先进、弘扬正气、推广经验、指导工作的目的。

2. 批评性通报

批评性通报主要用于在一定范围内对工作中出现的影响较大的错误事件、错误做法进行通报批评，以此告诫和教育人们吸取教训，引以为戒。

3. 情况性通报

情况性通报主要用于向干部群众传达重要精神和告知重要情况，使广大干部群众及时了解工作中存在的普遍性问题或出现的新情况和新问题，以便统一认识，统一行动。

（三）通报的特点

1. 作用的双重性

制发通报一般有两个作用，一是教育作用，二是交流作用。通报表彰先进、批评错误，目的在于树立先进典型或者提供反面典型，使受文者能从中总结经验，吸取教训，在思想上得到教育。通报用来传达重要精神和告知重要情况时，目的在于上情下达，加强上下级机关之间、部门之间的情况交流，促进工作。

2. 态度的倾向性

通报不只是单纯地陈述事实，还要在叙述之后表明发文机关的态度。表彰通报要表扬先进，号召学习；批评通报要严肃批评错误，告诫人们从中吸取教训，引以为戒；情况通报要表明发文机关对相关情况的态度。

3. 行文的时效性

通报所涉及的事实一般比较具体，有特定的发生时间、地点、原因和结果等。不论是先进事迹、典型经验，还是错误事件，都需要及时予以通报，才能更好地发挥教育、引导或警示作用。如果是突发情况，更需要及时通报并表明态度，这样才能达到行文的目的。

（四）通报的写法

通报由标题、主送机关、正文、落款4部分组成。

1. 标题

（1）由发文机关名称、事由和文种构成，如《国务院办公厅关于对2021年落实有关重大政策措施真抓实干成效明显地方予以督查激励的通报》。

（2）由事由和文种构成，如《关于表彰×××等同志的通报》。

（3）由发文机关名称和文种构成，如《中共××市纪律检查委员会通报》。

（4）有的通报标题只写“通报”，一般见于张贴式通报。

2. 主送机关

除普发性通报和本单位公开张贴的通报外，其他通报需写明主送机关。

3. 正文

通报的正文由开头、主体和结尾构成。开头部分说明通报缘由，主体部分作出通报决定，结尾部分提出希望和要求。不同类型的通报，其写法有所不同。

（1）表彰性通报的写法。根据通报的内容和对象，表彰性通报可分为表彰先进人物或先进集体和介绍先进经验两大类。

① 表彰先进人物或先进集体的通报的正文大体可分为4个部分。

一是介绍先进事迹。由于先进事迹是作出通报表扬的缘由，因此要求把表扬对象的先进事迹交代清楚，包括时间、地点、人物、事件、结果等要素，且要注意详略得当、重点突出，这部分是通报的主要内容。

二是评价先进事迹。分析评论先进事迹的典型意义和精神实质，并对此作出肯定、合理的评价。评价时要实事求是、恰如其分，不能任意夸大、渲染。

三是作出表彰决定。表彰决定需要依据相关规定，写明表彰的具体形式，如通报表扬、授予相应的荣誉称号或给予一定的物质奖励等。

四是发出希望和要求。结尾部分既要包括对被表彰者的勉励和期望，又要包括对有关方面和群众的希望和号召，以体现发文意图。

② 介绍先进经验的通报的正文一般可分为3个部分。

一是说明表彰决定。在开头部分简要介绍取得经验和成绩的相关事迹，并依据有关规定作出表彰决定，直接说明发文目的。

二是详细介绍经验。这部分具体介绍取得经验和成绩的单位或个人的典型做法及其成功经验，是全文的核心。为了更好地宣传、推广先进经验，可采取分条列项式写法，将其先进经验总结出来，以供人们效法、借鉴。在详略处理上，应重点介绍其先进做法，取得的成绩和成效可适当略写。

三是自然结尾。结尾部分可指出存在的不足，有则写，没有则不必强求。

（2）批评性通报的写法。批评性通报的作用在于惩戒，目的在于要求相关单位和个人从被通报的事件中吸取教训，以反面事例对群众进行教育，防止类似事件再次发生。其正文部分的写作顺序如下。

① 陈述错误事实。概括陈述错误事实发生的时间、地点、简单经过，以及造成的经济损失和社会影响等。

② 分析原因和教训。客观分析错误事实产生的原因，点明实质，总结教训，指出错误造

成的危害，指出违反了哪些相关政策或规定。分析要合情合理，令人信服。

③ 作出处理决定。提供处理的有关依据，然后提出对主要责任者的处理决定和工作上的改进措施。

④ 提出要求并发出警戒。一方面要求被通报的有关单位或人员从此类错误中吸取教训，另一方面要向有关方面发出不要再犯类似错误的警戒。

（3）情况性通报的写法。情况性通报主要用于传达重要精神和告知重要情况，其正文主要包括3个方面。

① 叙述情况。开头部分介绍情况，有时还需要介绍情况发生的背景，如灾情、汛情、疫情通报。这部分所占篇幅相对大一些，但在写作时要注意表述准确，语言精练。

② 分析情况。针对通报的相关情况，作出恰如其分的分析，并表明态度。必要时可以分条列项说明。

③ 提出要求。根据通报的情况，提出今后工作的具体意见和要求。

在具体写法上，有的是先摆事实，然后进行分析，得出结论；有的是先通过简要分析得出结论，再列举情况来说明结论的正确性和针对性。总之，情况通报一般“一事一报”，写法多样，如何表述可因具体情况而定。

4. 落款

在正文之后右下方写明发文机关名称和成文日期。

通报的写作要求

（1）做好调查研究。撰写通报前一定要做好调查研究，了解事件的来龙去脉，对事件的每一个细节都必须反复核实，确保准确无误，以免发文后造成被动、失信的局面。

（2）选材做到典型。调查环节要把握每一个细节，但写进通报里的文字要简明，不能面面俱到，要抓住主要问题，选好典型材料。只有典型的人和事才具有普遍的指导教育作用。因此，要选择那些具有代表性和典型性的材料（包括正反两方面的材料）进行通报。

（3）评价恰当中肯。无论是表彰性通报、批评性通报还是情况性通报，都应对所通报的事件作出深刻的分析、恰当的评价，以帮助人们提高认识，总结经验教训。

五、请示的写作

（一）请示的含义

请示是用于向上级机关请求指示、批准的一种上行公文。凡是下级机关无权解决、无力解决以及按规定应经上级机关批准的问题，必须正式行文，向上级机关请示。

（二）请示的种类

根据内容性质和行文目的，请示可分为以下3种。

1. 请求指示的请示

这类请示是向上级机关要政策、要办法、要说法的请示。如下级机关遇到在职权范围内没遇到过的新情况、新问题，在有关的方针、政策、规章以及上级的指示中，都找不到相应的处理依据，无章可循，因而没有对策，需要上级机关给予指示；对有关方针、政策和上级机关发布的规定、指示有疑问，不能擅自决定的，需要上级机关给予解释和说明；与同级机关或协作单位在较重要的问题上出现分歧，需要请求上级机关裁决。

2. 请求批准的请示

这类请示一般用于下级机关向上级机关要人、要钱、要物或得到某些许可。如下级机关在工作中有新想法、新方案、新项目等，需要上级机关批准后方可执行的；依据有关规章和管理权限，下级机关制定的某些规定、规划等，需要经过上级批准才能发布实施的；在工作中遇到人、财、物方面的困难，自己无法解决，可提出解决的方案请上级审核批准的，这些都需要请求上级批准。

3. 请求批转的请示

这类请示在联合办公中较为常见，用于请求上级机关认可本机关所提出的意见、建议、办法、措施等，并请上级机关批转至有关部门执行。本机关在自己的职权范围内制定了相关的办法和措施，却不能直接要求平级机关和不相隶属机关照办，需用请示的方式请求上级批转给有关部门共同执行、联合办公。

（三）请示的特点

1. 呈批性

请示属于双向对应文种之一，与它相对应的文种是批复。下级机关有一份请示呈报上去，上级机关对呈报的请示事项无论同意与否，都应回文。

2. 针对性

只有本机关职权范围内无法决定的重大事项，如机构设置、人事安排、重要决定、重大决策、项目安排等问题，以及本机关没有对策、没有把握或没有能力解决的重要事件和问题，才可以用“请示”行文。

3. 单一性

单一性包括两个方面：一是主送机关的单一性，二是请示事项的单一性。请示只写一个主送机关，即使是受双重或多重领导的下级机关，也只能主送其一，必要时抄送其他上级机关。在一份请示中，只能就一项工作、一种情况或一个问题作出请示。如果确有若干事项需要同时向同一上级机关请示，可以同时呈报若干份请示，它们各自都是独立的文件，使用不同的标题和发文字号。

4. 时效性

请示是针对本机关当前工作中所遇到的新情况和新问题而向上级机关的行文，请示事项都有一定的迫切性，应当及时制发，如有延迟，就有可能延误时机。上级机关在处理下级机关的请示时，也应注意时效性，及时批复。

（四）请示的写法

请示一般由标题、主送机关、正文和落款4部分组成。

1. 标题

采用完全式标题，由发文机关名称、事由和文种构成，如《国家发展改革委关于报送〈北部湾城市群建设“十四五”实施方案〉（送审稿）的请示》《××学院关于增加20××年人员编制的请示》。

2. 主送机关

请示的主送机关是指负责受理和答复请示的机关。请示只写一个主送机关，如需同时报送其他上级机关，应当用抄送的方式；受双重或多重领导的机关向上级机关行文，应当写明主送机关和抄送机关，由主送机关负责答复其请示事项。

《党政机关公文处理工作条例》规定："除上级机关负责人直接交办事项外，不得以本机关名义向上级机关负责人报送公文，不得以本机关负责人名义向上级机关报送公文。"

3. 正文

请示的正文包括请示缘由、请示事项和结束语3部分。

（1）请示缘由。这是请示的重要内容，请示缘由是请示能否获批的关键，也是上级机关批复的根据，所以请示缘由要客观、具体、合理、充分，这样上级机关才好及时决断，予以有针对性的批复。因此，缘由要十分完备，阐明相关依据、情况、意义、作用等，有时还需要说明背景。如果背景材料较多，可以作为附件。

（2）请示事项。这部分内容要单一，坚持"一文一事"的原则。请求事项要符合法规、符合实际，具有可行性。事项要写得具体、明确、条理清楚。如果请示的事项比较复杂，要分清主次，逐条写出，用语平实、恳切。

（3）结束语。另起一段，使用请示的习惯用语，如"当否，请批示""妥否，请批复""以上请示如无不妥，请批复""以上请示如无不妥，请批转各部门研究执行"等。

4. 落款

在正文之后右下方写明发文机关名称和成文日期。

请示属于上行文，请示文件的版头不同于下行文的版头。在请示的版头部分，还应标注"签发人"。

请示的写作要求

（1）不能滥用请示。请示的问题一定要是工作中亟待解决的重要问题，不得动辄就请示。请示的理由要充分有力，所写情况真实可信，拟解决问题的措施要切实可行，不能滥用请示。

（2）坚持"一文一事"。在请示中，应当坚持"一文一事"的原则，不能同时请求指示或批准多个不相关联的问题。否则，不利于上级机关批复，也不利于问题的解决，甚至可能贻误时机。

（3）注意行文规则。请示一般主送一个直接上级机关，在以下特殊情况下才可越级行文：情况特殊紧急，如发生重大灾情、险情需要上级采取相应措施，而逐级上报会延误时机造成重大损失时；多次请示直接上级机关无果时；涉及检举、控告直接上级机关时；直接上下级机关产生争议且无法解决时；处理不涉及直接上级机关职权范围的突发事件时。在越级请示时，一般应抄送被越过的上级机关。

（4）联合请示需协商一致。请示的内容如果涉及其他部门或地区，主办机关应当主动与有关部门或地区协商取得一致意见，必要时还需有关部门、地区会签或联合行文，以便统一认识、统一政策、统一行动。若有关方面意见不一致，应当如实在请示中予以说明，并抄送有关方面。

六、报告的写作

（一）报告的含义

报告是用于向上级机关汇报工作、反映情况，回复上级机关的询问的公文。报告属于上行文。

报告是很重要的呈报性公文，可用于定期或不定期地向上级机关汇报工作，反映实际工作中遇到的问题，反映本单位贯彻执行各项方针、政策、批示的情况，为上级机关制定方针、政策或作决策、发指示提供依据；也可用来向上级机关陈述意见，提出建议；还可用于回复上级机关的询问，使上级机关在全面掌握情况的基础上准确、有效地指导工作。

（二）报告的种类

按内容的范围分，报告可分为综合报告和专题报告。

按时间分，报告可分为年度报告、季度报告、月份报告和工作进展报告等。

按内容的性质来分，报告可分为工作报告、情况报告、建议报告、答复报告、检查报告、会议报告等。下面介绍常用的4种报告。

（1）工作报告主要用于汇报工作或反映某一阶段的工作进展、成绩、经验、存在的问题及下一步打算，汇报上级机关交办事项的执行情况等。

（2）情况报告主要用于向上级机关汇报工作中发生或发现的某些情况或问题，特别是反映工作中的重大情况、特殊情况和新情况。

（3）建议报告是下级机关就工作中的重大问题和事项，专门向上级机关提出相关建议的报告。

（4）答复报告是下级机关答复上级机关的询问或汇报上级机关所交办事项办理结果的报告。

（三）报告的特点

1. 陈述性

下级机关遵照上级指示，做了什么工作、怎样做的、取得了哪些成绩、还存在哪些不足，都要一一向上级机关陈述。反映情况时，要把时间、地点、人物、事件、原因、结果叙述清楚，向上级机关提供准确的现实性信息。因此，报告大都采用叙述、说明的表达方式，具有明显的陈述性。

2. 汇报性

报告无论是为了汇报工作、反映情况，还是答复上级机关的询问，都是为了下情上传。下级机关应把掌握的有关情况如实向上级机关或业务主管部门汇报，使上级机关及时掌握真实情况，以便作出正确决策。

3. 单向性

相对于请示而言，报告是单向行文的上行文。下级机关向上级机关汇报工作、反映情况时使用报告行文，不需要上级机关予以批复。

（四）报告的写法

报告由标题、主送机关、正文、落款4部分组成。

1. 标题

一般采用完全式标题，由发文机关、事由和文种构成，如《××市人民政府关于我市遭受严重干旱的紧急报告》。

2. 主送机关

主送机关应为负责受理报告的上级机关，一般为发文机关的直接上级机关。

3. 正文

报告正文一般由开头、主体和结束语等部分构成。

（1）开头，交代报告的缘由、目的、意义，然后用“现将有关情况报告如下”转入下文。

（2）主体是报告的核心部分，用来报告具体事项。在不同类型的报告中，主体部分报告事项的侧重点有所不同。

① 工作报告主体部分的写法。从内容上看，工作报告包括工作背景、工作进度、工作成绩、经验教训、存在的问题以及下一步工作安排等。从写法上看，工作报告主要采用记叙方式撰写，按时间顺序、工作发展过程或事理逻辑关系分设若干部分，有层次地概括叙述。从写作要求上看，应避免把工作报告写成面面俱到的流水账，需要点面结合，重点突出；要实事求是地汇报工作，报告中所列成绩或问题必须属实，不夸大、不缩小，并能从中得出一定的规律性认识。

② 情况报告主体部分的写法。从内容上看，严重的自然灾害、各种事故、疫情、灾情，以及各种突发的、重要的、特殊的涉及国家、社会、人民生命财产安全的情况，都属于情况报告的汇报内容。从写法上看，要将突发情况或某事项的原委、经过、结果、性质与建议表述清楚，从而有助于上级指导工作，推进当前工作。从写作要求上看，作为下级机关，有责任做到下情上传，保证上级机关耳聪目明，对下级机关的情况了如指掌。下级机关如果隐瞒不报，则是一种失职行为。

③ 建议报告主体部分的写法。从内容上看，建议报告与一般工作报告不同，它不侧重于汇报工作情况，而是侧重于对普遍存在的问题提出意见或建议。从写法上看，建议报告的主体部分应先概括叙述事实，然后加强分析和说理，在表述上多用分条列项式写法。从写作要求上看，建议报告所提出的意见或建议，要具有科学性和可行性。

④ 答复报告主体部分的写法。答复报告要实事求是地、有针对性地回答上级机关的询问和要求。做到有问必答，表明态度，不可含糊其词。

（3）结束语。报告的结束语要另起一段，根据报告种类的不同，使用不同的习惯用语。工作报告和情况报告的结束语常用“特此报告”；建议报告则用“请审阅”“请收阅”等；答复报告多用“专此报告”。报告的结束语不是必需的要素。

4. 落款

在正文之后右下方写明发文机关名称和成文日期。

报告的写作要求

（1）及时准确上报。报告的行文目的是让上级机关及时了解工作新情况，尤其是情况报告，要求及时、准确、翔实。上级机关在掌握情况后才能作出科学的决策、采取有效的措施。

（2）做到重点突出。报告不能事无巨细，要分清主次，重要的内容放在前面详写，次要的内容放在后面略写。写作时，还要注意点面结合。典型的内容属于“点”，综合性、全局性的内容属于“面”。通过报告，上级机关可以把控全局，又能知晓重点。

（3）不能夹带请示。报告是单向行文，受文者不用答复，如在报告中夹带请示事项，不但不便处理，甚至还会贻误工作。对呈转性建议报告中所提请求上级机关批转有关单位执行的建议，不应看作请示。

（4）处理好事与理。汇报工作、反映情况，不只是介绍情况、陈述事实、列举数据，还需要对情况、事实和数据加以归纳、分析，使汇报材料系统化、理论化，从中得出带有规律性的经验、教训和认识。

七、纪要的写作

（一）纪要的含义

纪要是根据会议记录、会议文件或者其他有关材料加工、整理而成的。它是记载会议主要情况和议定事项，并要求有关单位执行的一种纪实性公文。它的主要作用是沟通情况、交流经验、统一认识、指导工作。

（二）纪要的种类

1. 按会议性质分类

按照会议性质的不同，纪要可分为办公会议纪要和专题会议纪要。

（1）办公会议纪要，是记述党政机关、企事业单位在日常办公会议上对重要的、综合性的工作进行研究、讨论、议决等事项的纪要，用以传达由机关、单位召开的办公会议所研究的工作、议定的事项和布置的任务，并要求与会单位和有关方面共同遵守、执行。

（2）专题会议纪要，是专门记述专题工作会议、专题讨论会、座谈会、学术研究会等会议情况而形成的纪要。这类纪要，有的起通报会议情况的作用，使有关人员知晓会议的基本情况和重要精神；有的具有指导作用，它所传达的会议精神，可对有关方面的工作予以指导。

2. 按会议内容分类

按照会议内容的不同，纪要可分为决议性会议纪要、协议性会议纪要、研讨性会议纪要。

（1）决议性会议纪要，常用于领导办公会议，主要记载和反映领导层制定的决策事项，作为传达和部署工作的依据，对今后的工作进行指导。

（2）协议性会议纪要，常用于领导机关主持召开的多部门协调会或不同单位联席办公会，主要记载双边或多边会议达成的协议情况，以便作为会后各方执行公务和履行职责的依据，对协调各方今后的工作具有约束作用。

（3）研讨性会议纪要，常用于职能部门和学术研究机构召开的专业会议或学术研讨会，主要记载和反映经验交流会议、专业会议或学术性会议的研讨情况，反映各方的主要观点、意见和情况。

（三）纪要的特点

从写作要求和作用来看，纪要主要有以下3个特点。

1. 内容的纪实性

纪实性是纪要的特点，也是撰写纪要的基本原则。撰写纪要应如实反映会议的主要内容和议定事项，不能脱离会议的实际情况，把执笔人自己的主观想法和个人见解写入纪要，不能人为拔高、深化和填平补齐。

2. 表述的提要性

纪要不同于会议记录，不能有闻必录、平铺直叙。撰写纪要应围绕会议主旨和主要成果，对会议繁杂的情况和内容进行综合、提炼和概括性的整理，重点应放在介绍会议成果、概括主要精神、归纳主要事项、体现中心思想上，使人一目了然，易于把握精髓。

3. 作用的指导性

纪要是根据会议议定内容形成的，集中反映了会议的主要精神和决定事项。因此，纪要一经下发，便对有关单位和人员产生约束力，要求有关单位和人员遵守、执行。另外，纪要对上级机关起着汇报情况的作用，对下级机关和所属部门起着指导工作的作用。

（四）纪要的写法

纪要由标题、成文日期和正文组成。纪要的结构要素与其他公文不同，纪要不用写明主送机关和落款，成文日期多写在标题下方，且不加盖印章。

1. 标题

纪要的标题有单标题和双标题两种形式。

（1）单标题

①采用“会议名称＋文种”结构，如《××大学学位评定委员会第×次会议纪要》。

②采用“事由＋文种”结构，如《关于××工作现场办公会纪要》。

③采用“发文机关＋事由＋文种”结构，如《××大学20××年就业工作会纪要》。

（2）双标题

双标题由正标题和副标题构成，正标题揭示会议主旨，反映会议的主要精神和内容；副标题标示会议名称和文种，如《探讨新时代通识教育新途径——××大学教学学术讨论会纪要》。

2. 成文日期

纪要的成文日期不同于其他党政机关公文，有的是纪要形成的时间，有的是会议结束的时间。成文日期标注的位置有两种：一种是标题正下方；另一种是正文之后右下方（多用于办公会议）。成文日期以置于标题正下方为常，一般需加圆括号。

3. 正文

纪要的正文一般由导言、主体和结尾3部分构成。

（1）导言。导言用于概括会议的基本情况，交代会议的名称、目的、议程、时间、地点、规模、与会者、主要议题和会议成果等。

（2）主体。主体是纪要的核心部分。它根据会议的中心议题，按主次、有重点地写出会议的情况和成果，包括对工作的评价、对问题的分析、会议议定的事项、贯彻会议精神的要求等。主体部分一般有以下3种写法。

一是综述式写法，是对会议的内容或议定事项进行综合概括，按照逻辑关系将内容分成若干部分，每个部分写一个方面的内容。这是一种比较常用的写法，它有利于突出主要内容，分清主次。一般把主要的、重要的内容写在前面，而且要尽量写得详细、具体一些；次要的和一般性的内容写在后面，可简略一些。综合性议题、涉及面较广的工作会议或经验交流会纪要多采用这种写法。在语言表达上，一般使用“会议认为”“会议强调”“会议指出”“会议要求”等来引出会议精神。

二是分项式写法，是把会议讨论的问题和议定的事项，按主次分条列项地写出来，一目了然。在办公会议和工作会议中，讨论的议题较多且较为具体时，多采用这种写法。在语言表达上，一般使用“会议审议并通过”来说明相关议题的讨论情况，用“会议认为”“会议要求”等来引出会议要求。

三是发言式写法，是把与会者的具有典型性、代表性的发言要点摘录出来，按发言顺序或按内容性质先后写出。为了便于把握发言内容，有时会根据会议议题，在小标题下写发言人的名字。这种写法的好处是，可尽量保留发言人讲话的风格，避免千篇一律，保持客观、具体的特色。一些重要的座谈会纪要常用这种写法。

（3）结尾。视情况，可写对与会者的希望和要求；用于指导下一步工作的纪要，还可在结尾部分对相关单位或有关人员提出要求。若会议讨论了一些非重要的事项，可在最后写“会议还研究了其他事项”。有的纪要可不写结尾。

纪要的写作要求

（1）把握会议精神，关注议定事项。撰写纪要前，首先要搞清楚会议的目的、任务，掌握会议的所有文件资料，参加会议的全过程，并认真做好会议记录，特别要注意识别会议的主要文件，领会领导同志的发言，掌握会议的主要精神，重点记载议定事项。

（2）严格区分纪要与会议记录。会议记录是对会议过程的如实记录，纪要则是在会议记录的基础上提炼会议要点而形成的。二者的主要区别如下。第一，性质不同。会议记录是讨论发言的实录，属于事务文书；纪要只记要点，属于党政机关公文。第二，功能不同。会议记录一般不公开，只作资料存档，需做好记录的保密工作。纪要通常要在一定范围内传达或传阅，要求贯彻执行。

（3）突出会议重点，语言精练准确。全面掌握会议情况，广泛搜集与会议有关的文件、发言记录等，围绕中心进行分类、筛选，明确会议宗旨，突出会议重点。撰写纪要时，不能面面俱到，要用高度概括和精练的语言准确地表达内容，做到条理清晰、层次分明、结构严谨。

（4）分清行文关系，选用恰当文种。纪要，既可上呈，又可下达，还可以被批转或者被转发到有关单位遵照执行，使用比较广泛。纪要一般不单独作为文件下发，需要下发执行的纪要，可以用“通知”来转发，纪要则作为通知的附件；上报纪要时，可用“报告”行文，将纪要作为报告的附件。

八、函的写作

（一）函的含义

函是用于不相隶属机关之间商洽工作、询问和答复问题、请求批准和答复审批事项的一种平行文。

（二）函的种类

1. 按性质和格式分类

按性质和格式，函可分为公函和便函。

（1）公函。公函是按照正式公文的格式来制发的函件。公函的格式非常规范，有版头、发文字号、标题、主送机关、正文、落款等公文要素。

（2）便函。便函是处理日常事务性工作的简便函件。便函没有严格的公文格式要求，可以不加标题，不编发文字号，只需要在尾部署名并加盖印章。

2. 按内容和用途分类

按内容和用途，函大致可分为商洽函、问答函、批请函、告知函、邀请函、转办函、催办函、报送材料函等。下面介绍几种常用的公函。

（1）商洽函。商洽函是不相隶属机关之间商洽工作、联系有关事宜时使用的一种函，如机关之间洽谈业务、商调人员、联系参观学习、请求支援帮助等。

（2）问答函。问答函是询问函和答复函的合称，适用于无隶属关系的机关之间就某些问题进行询问和答复。上下级机关之间问答某个具体问题，联系、告知或处理某项具体工作，而又不宜采用请示、批复、报告等文种时，则可使用函。

（3）批请函。批请函是批答函和请批函的合称。批答函是有关业务主管部门答复请批事项的函；请批函主要用于无隶属关系的机关之间请求批准有关事项。

（4）告知函。告知函主要用于告知不相隶属机关有关事项。告知不相隶属机关有关事项一般不用通知，如果使用"通知"，则需要使用信函格式。

（三）函的特点

1. 使用广泛

函是平行公文，其使用不受级别高低、单位大小的限制，它除了平行行文外，还可以向上行文或向下行文，没有其他文种的严格的特殊行文关系的限制，上至国务院，下至基层组织、企事业单位、社会团体，都在广泛使用函。

2. 写法灵活

函的写法灵活，可根据内容而定。如代行请示的函，可按请示的写法来写；代行批复的函，可参照批复的写法来写。函的习惯用语也比较灵活，但用语需谦恭有礼，多使用敬谦词语，力求得到对方更多的理解和支持。

3. 格式灵活

除了正式公函须按照公文的格式、行文要求行文外，其他一般函的格式比较灵活，可以参照公文的格式及行文要求撰写，可以设置版头，也可以不设置版头；可以不编发文字号，甚至可以不拟标题。

4. 沟通性强

对于无隶属关系的机关之间相互商洽工作、询问和答复问题，函起着沟通作用，充分体现了平行文种的功能，这是其他文种所不具备的特点。

（四）函的写法

公函由发文字号、标题、主送机关、正文、落款等部分组成。

1. 发文字号

函的发文字号与其他党政机关公文的发文字号相似，只需要在机关、单位代字后加上“函”字，如“津人社局函〔2022〕28号”表示天津市人力资源和社会保障局2022年第28号函件。公函的发文字号不是居中编排，而是顶格居版心右边缘第一条红色双线之下。

2. 标题

（1）由发文机关名称、事由和文种构成，如《××大学关于商请遴选交换生的函》《天津市人民政府办公厅关于同意建立天津市交通运输新业态协同监管联席会议制度的函》等。

（2）由事由和文种构成，如《关于推荐公文写作培训师资的函》。

若是去函，标题中的文种为“函”；若是复函，则可在标题中写“复函”。

3. 主送机关

顶格写明接收函件的机关名称，其后用冒号。

4. 正文

函的正文由开头、主体、结尾和结束语构成。

（1）开头。开头部分说明发函的缘由，交代发函的原因、目的、依据等内容。

去函的开头，说明去函的原因，用“现将有关问题说明如下”或“现将有关事项函告如下”等过渡语转入下文。

复函的开头，一般先引用对方来函的标题、发文字号，有的复函还简述来函的主题。例如，“你局《关于明确临时工和合同工能否执罚问题的请示》（××字〔20××〕×号）收悉。现函复如下”，对方以“请示”行文，回复时不用“批复”而用“函”，是因为答复一方不是请示一方的直接上级机关。

（2）主体。主体是函的核心部分，主要说明需要商洽、询问、联系、请求、告知或答复的事项，这部分内容根据实际情况可多可少。

去函的主体部分应采用叙述和说明的写作方法，直陈其事，交代清楚即可。无论是商洽工作、询问和答复问题，还是向业务主管部门请求批准事项等，都要用简洁得体的语言把需要告诉对方的事项叙述清楚，如事项复杂，可分条列项来写。

复函的主体部分需有针对性地答复来函事项。如果不能解决来函提到的问题，应加以解释，或告知对方应该怎么办，或对询问的问题作出说明等。

（3）结尾。在结尾部分向对方提出希望或请求，或希望对方给予支持和帮助，或希望对方给予合作，或请求对方提供情况，或请求对方予以批准等，这些主要是去函的结尾写法。

（4）结束语。另起一行写结束语。根据内容需要选择不同的结束语。如果发函只是告知对方事项而不需对方回复，则用“特此函告”“特此函达”等作结；如需要对方复函，则用“请予函复”“盼复”等作结。商洽函的结束语常为“恳请协助”“不知贵方意见如何，请函告”“望大力协助，盼复”等具有商量口吻的语句。请批函的结束语常为“请审核批准”“请予审批”“望准予为荷”等。答复函、批答函的结束语常用“此复”“专此函告”“特此复函”等。

微课

公文的用语要求

5. 落款

在正文后右下方写明发文机关名称和成文日期。

函的写作要求

（1）开门见山，直奔主题。函是一种比较简便的公文，在开头部分无须引用过多的行文依据，也不写无谓的客套话，应开门见山，简明扼要，切忌写空话、套话，直接说明发函目的。

（2）选对文种，代行答复。下级机关向上级机关请示事项时，上级机关可授权办公厅（室）进行回复，此时应选择“函”复，不能用“批复”。

（3）用语谦和，措辞得体。函主要用于无隶属关系机关之间商洽工作、询问和答复问题，在行文时要注意措辞得体、语气平和、庄重礼貌。复函的语言应肯定明确，不能模棱两可。

扫码看资料

函的适用范围

写作实践

1. 你所在学校的团委拟面向全校学生举办首届大学生征文比赛，本届征文比赛的主题是“使命在肩，奋斗有我”。请你以校团委的名义制发一份征文比赛通知。

2. 学校保卫处联合学生工作部门对学生宿舍进行了一次消防安全大检查，请你根据实际情况，撰写一份安全检查情况通报。

3. 请你在所在班级召开一次学风建设主题班会，班会结束后撰写一份会议纪要。

4. 你所在的学校要组织某专业毕业班学生前往××公司进行为期3个月的业务实习，请你根据实际情况，以学校办公室的名义向该公司撰写一份商洽函。

项目六
培养组织力

专题一　会务礼仪

任务与目标

通过会务礼仪专题的学习，学生可以理解和掌握会务礼仪的基本原则和规范，具备良好的意志品质和道德，提升外在素质和修养，以适应工作岗位的需求。

通过本专题的学习，我们要：

（1）学习会场安排礼仪的常规要求；

（2）学习会务服务礼仪和与会礼仪的基本知识；

（3）养成遵守会务礼仪的良好习惯。

会务礼仪，是指举办会议和参加会议时应注意的一系列职业礼仪规范。良好的会务礼仪对会议顺利进行有较大的促进作用。

一、会场安排礼仪

“细节决定成败。”周到的会场安排对于一场会议的精神面貌有十分重要的影响，因此学习会场安排礼仪是十分必要的。

（一）会场座次礼仪

会场座次礼仪是指在座次安排中需要遵循的一系列礼仪规范，下面列举几点重要规范。

主席台座次的尊卑顺序是中央高于两侧，前排高于后排，左侧高于右侧。

主持人排座次也有一定之规。一般而言，主持人的落座之处有3种选择：第一种，在前排正中央；第二种，在前排两侧的任意一侧；第三种，按其身份所排之座，但不宜就座于后排。

不同归属的座次安排依据可以是与会单位、部门、行业、地区的汉字笔画的多少、汉语拼音字母的顺序，也可以是地位的高低。群众席若以前后方向排座，一般以前排为尊。如果在同一排有多家单位的代表就座，则可以面对主席台为基准，自左而右进行竖排。

（二）会场摆台礼仪

1. 便笺摆放规范

便笺要整齐无破损，数量稍有富余，整齐摆在每位与会者所对桌面的正中位置。如果桌面宽度在55cm以内，便笺底部与桌沿距离为1cm（以一指宽为准）；如果桌面宽度超过55cm，便笺底部与桌沿距离为3cm（以二指宽为准）。摆放时便笺间距一致，便笺上有会议举办地名称或店徽等，文字的看面要朝向与会者，便笺中心线要与椅子中心线对齐。

2. 笔摆放规范

将笔摆放在便笺右侧1cm处。根据桌子大小，笔的尾端距离桌沿1cm或3cm，如有红黑两种颜色的笔，红笔摆在里侧，黑笔摆在外侧，摆放要整齐划一，笔的商标面向与会者。

3. 杯垫摆放规范

摆放杯垫的作用是避免在端放茶杯时发出声响。摆放时，将杯垫摆放在便笺右上角3cm处，杯垫左边沿与内侧笔左边沿对齐，杯垫正面朝上，花纹或店徽要摆正。

4. 杯具摆放规范

在摆放杯具前一定要先洗手，利用消毒毛巾或消毒纸巾将手擦净，检查杯子有无破损，是否有污迹。将杯子摆放在杯垫中心部位，杯把向右与桌沿成70° 角，以方便与会者取用。杯盖图案与杯子图案对正，图案朝向与会者。

5. 小毛巾摆放规范

按照与会者人数准备相应数量的小毛巾。根据会场情况将小毛巾摆放在与会者面前。小毛巾有图案或文字的一面朝向与会者。

6. 高脚水杯、矿泉水瓶摆放规范

因会议举办要求，可能提供饮料服务。在茶杯前方1cm处摆放高脚水杯。标准会议一般提供瓶装矿泉水，将矿泉水摆在高脚水杯左侧。

7. 座位名卡摆放规范

一般会议多用帐篷式名卡，制作时名卡的两个看面都要写上与会者姓名。如果是涉外会议，要用中英文双语设计名卡，字迹清晰、书写规范。与会者姓名应准确无误，写错与会者的姓名是非常不礼貌的。将名卡摆放在便笺中心的正上方，名卡间距相等，摆放端正。

8. 花插摆放规范

鲜花新鲜，无脱瓣、无虫、无不良气味，每组鲜花不得少于3枝。花形设计紧扣会议主题，成品视觉效果美观，花插高度不超过35cm，以不挡住与会者视线为宜，根据台形确定花插的摆放位置。

二、会务服务礼仪

会务服务礼仪包括很多方面，良好的会务服务礼仪能够让会议顺利进行，同时使与会者具有宾至如归之感。

（一）会务邀请礼仪

进行会务邀请如同发出一份礼仪性很强的通知，不仅要求做到礼貌，取得被邀请者的良好回应，而且还必须使之符合双方各自的身份，以及双方之间关系的现状。

一般情况下，正式的邀约既讲究礼仪，又要设法使被邀请者备忘，因此它多采用书面的

形式。正式的邀约有请柬邀约、书信邀约、传真邀约、电报邀约、便条邀约等具体形式。

（二）接待服务礼仪

1. 迎送礼仪

（1）确定迎送规格。通常遵循身份相当的原则，即主要迎送人与主宾身份相当，当不可能完全对等时，可灵活变通，由职位相当的人或由副职出面。其他迎送人员不宜过多。

（2）掌握到达和离开的时间。准确掌握来宾到达和离开的时间，及早通知全体迎送人员和有关单位。如有变化，应及时通知有关人员。迎送人员应提前到达迎送地点。

（3）迎接普通来宾一般不需要献花。迎接十分重要的来宾，可以献花。所献之花要用鲜花，并保持花束整洁、鲜艳。忌用菊花、杜鹃花、石竹花或其他黄色花朵。通常由儿童或女青年在参加迎送的主要领导与主宾握手之后将花献上。可以只献给主宾，也可向所有来宾分别献花。

2. 陪车和引导礼仪

宾客抵达后，乘坐轿车时，若有专职司机开车，小轿车1号座位在司机的右后方，2号座位在司机的正后方，3号座位在后排中间，4号座位在司机旁边。如果是主人自己开车，则要请主宾坐到主人的右侧，即副驾驶的位置，如图6-1所示。

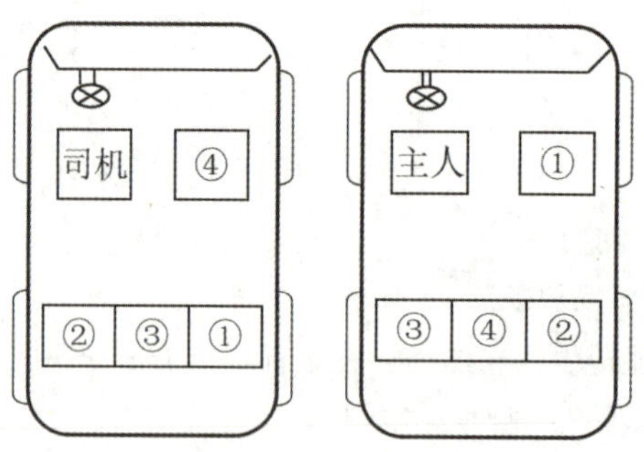

图6-1 乘车座次

当宾主双方并排行进时，引导者走在外侧，来宾走在内侧。单行行进时，引导者应走在前，来宾走在其后。

出入房门时，引导者主动开门、关门。出入无人控制的电梯时，引导者先入后出，操控电梯；出入有人控制的电梯时，引导者后入先出，引领带路。

（三）会议茶水服务礼仪

（1）在会议开始之前要检查每个茶杯杯身的花纹是否相同。

（2）茶水温度以80℃为宜。

（3）倒茶时每一杯茶的浓度最好保持一致。

（4）倒茶时要先给重要与会者倒茶，然后再按顺序给其他与会者倒茶。

（5）在与会者喝过几口茶后，应立即为其续上，不能让其空杯。

（四）合影礼仪

合影时一般主人居中，按礼宾次序，以主人右手为上，主人的右手排第一位来宾，主人的左手排第二位来宾，主客双方间隔排列。第一排人员既要考虑人员身份，也要考虑场地大小，即能否都摄入镜头。一般来说，两端均安排主方人员。

如果是上级领导来视察，合影时则要将所有合影人员排出次序，每排人员再按开会时主席台上的就座次序排列。为了突出主要领导，保证主要领导居中，通常使1号人员即身份最高者居中，2号人员在1号人员左手位置，3号人员在1号人员右手位置，以此类推。

三、与会礼仪

会议是职场中最为重要的交流沟通形式，也是正式的场合。不同场合的会议，参会人数不同，会涉及各个级别的人员，因此与会礼仪反映了个人形象、个人素质。那么在会议进行中，有哪些礼仪呢？

（一）会议发言人礼仪

会议发言分为正式发言和自由发言两种。第一种是领导报告，第二种则为讨论发言。正式发言者，应做到衣冠整齐，走向主席台的过程中步伐自然、刚劲有力。发言务必口齿清晰，讲究逻辑顺序，内容简明扼要。若为书面发言，应不时抬头扫视会场，不能一味低头念稿。发言完毕，应对与会者的倾听表示由衷的谢意。

自由发言相对来说比较随意，但要注意，发言时讲究顺序和秩序，不要争抢发言；发言内容应简明扼要，观点应鲜明、准确。如果与他人有分歧，应该以理服人，态度平和，听从主持人的安排，不能由着自己的性子来。

如果与会者对发言人提出疑问，发言人应礼貌作答；对一些不能回答的问题，应机智而礼貌地说明缘由，对提问者的批评和意见应认真听取，即使提问者给出的批评或意见是错误的、不合理的，也应做到心平气和。

需要在会议上发言的人，要镇定自若，控制好语速和音量。同时，注意其他与会者的反应。当会场中与会者的声音渐大时，则说明应该压缩内容，尽快结束发言。

发言完毕，应礼貌地向全体与会者表示感谢。为了使发言内容被其他与会者理解或接受，就要做到姿势上的开放坦白。无论所讲的主题有多么严肃，适当地微笑一下，总能帮助发言人获得更多的支持与理解。

（二）一般与会者礼仪

1. 会议进行前

（1）参加会议需做到守时。在参加会议时，一般在规定时间之前五六分钟进入会场，不要迟到，迟到会被视为对本次会议的不尊重或对会议主持人以及其他与会者的不尊重。

（2）与会者衣着应以正式上班服装为主，穿着不可过于随便。如果是户外会议等特殊会议，应事先询问主办单位着装要求。

（3）与会者坐姿端正，行为优雅。

（4）若在会议开始前，主席仍未介绍，在不打扰他人的前提下，可主动和周围的人握手或者打招呼，并进行自我介绍。

2. 会议进行时

（1）会议进行期间，与会者应认真倾听报告或他人发言，择要做好记录，这对深入体会和准确传达会议精神有很大帮助。若携带手机进入会场，在会议开始时应将其关闭或调至振动模式。开会时，切忌出现不文明行为。

（2）在会议进行中，与会者要发言时，应先举手。

3. 会议结束后

会议结束后，在离场前将桌面和椅子还原到开会前的样子，并把杂物扔进垃圾箱。要礼貌告别，有序离场，切不可拥挤或者横冲直撞。

（三）主持人礼仪

1. 具有专业知识

主持人这个职位是为勇于尝试的人准备的。主持人要具备相关的专业知识，培养多元化智慧，这样才能达到更好的主持效果。

2. 清楚自己的定位

主持人若发现会议主席的讲话超过了预定的时间，就要使用不落痕迹的方式，自然地提醒主席。比如，写一张小纸条，轻轻放在主席的桌上。当主席忘记了会议的某个议题，主持人要用合适的语言提醒主席，例如，“主席，对不起，5分钟前您提到的那个议题，要不要补充一下？”这样既尊重了主席，又提醒了议题。

3. 注意着装

主持人必须注意着装，这是一个基本要求。除会议主席外，最能吸引与会者注意力的就是主持人。得体的着装更能体现良好的气质，让人见之顿生尊重和喜爱之感。

4. 充满活力

主持人在宣布会议要点时一定要充满活力，用自己的活力感染与会者，让会议在轻松的环境中顺利进行。

5. 具有应急处理能力并会调节气氛

主持人要具备较强的应急处理能力。当主席经验不足，临危慌乱时，主持人就要立即挺身而出、灵活应对，帮主席打好圆场。主持人还要具有很好的调节气氛的能力。当与会者与主席发生争执、僵持不下时，主持人要善于用一两句幽默的话语缓和会场上紧张的气氛。

6. 肢体语言适当

主持人要适当使用肢体语言，充分调动与会者的情绪、调节会议的气氛。如果始终只是一味地照本宣科，恐怕很难把会议开好。适当的语言搭配适当的肢体语言，才能有效地协助主席将会议顺利地进行下去。

礼仪实践

以小组为单位，策划一次商务会议，小组成员分角色扮演，展示会务礼仪。

专题二　会议组织与沟通

任务与目标

如何组织并经营好会议，使其达到预期效果？如何进行有效沟通，提高会议交流质量？

细心谋划、精心组织是会议成功的前提，有效沟通是确保会议优质、高效的关键。本专题将为即将步入职场的大学生提供会议的组织与沟通技巧、实操性指南和清单式流程，为职场赋能。

通过本专题的学习，我们要：

（1）掌握会议组织从会前筹备、会中实施到会后反馈的流程和要求；

（2）了解主持人应该具备的会议沟通技巧；

（3）提升会议发言的技巧。

一、会议组织

（一）会前组织

会前组织工作能够帮助组织者了解会务工作全局，策划适宜的议题，选择恰当的讨论方式，加强协调沟通，提高会议效率，确保实现会议目标，是成功、高效召开会议的前提。

1. 明确会议类型

按照目的、性质、规模、模式、地点、方式、公开程度等不同的划分标准，会议可分为不同的类型。为优化思维过程，简化繁杂分类，聚焦大学生成长的现实需求和未来职业的发展需求，本书仅以会议目的为分类标准，将会议分为信息型会议和决策型会议两类。

信息型会议是以发布、共享信息或收集信息、集思广益为主要目的的会议，常见的报告会和座谈会即属于信息型会议。报告会保证信息流单向有效传递，一般不允许讨论。座谈会主要收集和交换意见，鼓励与会者踊跃发言和广泛讨论。

扫码看资料

信息型会议与决策型会议的要素区别表

决策型会议是为了组织和群体目标，由群体共同参与决策分析并完成决策过程的会议类型，对某些重大的、复杂的、风险较大的问题进行集体决策，可以有效提高决策的质量。

2. 确定开会必要性

无效会议，会浪费与会者的时间，提高成本，降低工作效率。因此在拟定会议计划之前必须研判会议是否确有必要召开。

3. 拟定会议议题

会议议题是会议研讨的主题，即会议要解决的问题，是会议的内容设计、目标实现和成果产出的基础。会议议题既需要会议组织者慎重确定，又需要相关部门审核把关。

（1）确定会议议题的原则

必要性原则，指议题必须符合重要且急迫两项基本条件，即对该问题的研讨必须进行，且必须马上进行会议研讨。

明确性原则，该原则有两方面要求。一是会议议题的表述要简洁规范。议题的规范表达有名词（或短语）表达式和句子表达式两种，需注意的是，句子表达式常省略主语。二是会议议题的佐证材料要提供明确的支撑说明。

力及性原则，指凡拟提交的会议议题，必须与会议的职权范围相符，也就是说提出的议题既是会议需要解决的问题，也是会议能够解决的问题，不涉及超出会议职权范围的问题。

（2）确定会议议题的方法

可采用“五问法”确定会议议题。所谓“五问法”是指对拟选议题提出表6-1所示的5个问题，并以“是”或“否”回答。只有当5个问题都获得肯定答案时，该议题方可入选；反之，则放弃该拟选议题。最后，建议将确定的议题提交审定。

表6-1　“五问法”确定会议议题

问题	判断	
1. 该议题应该或值得由这次会议讨论吗？	□是	□否
2. 该议题晚一些再讨论会有不良后果吗？	□是	□否
3. 该议题除提交本次会议讨论之外，再无其他替代方式了吗？	□是	□否
4. 该议题的讨论可能作出的决定与组织的管理目标有联系吗？	□是	□否
5. 该议题的相关材料齐备、可靠吗？	□是	□否

（3）多个议题合理定序

如已确定的会议议题数量超过两个，需要将议题按照紧急程度由急到缓排序，优先处理最紧急的议题（该议题不一定是最重要的）。如有需要，可将同性质议题或关联度高的议题集中排序，以便集中讨论。将保密性议题安排在最后，以便无关人员届时退席。

议题确定之后，需根据议题安排议程并发布会议通知（会议通知的写法详见本项目专题三）。

4. 选定会议角色

（1）会议组织机构角色

会议组织机构主要负责会前筹备、会间组织与服务、会后善后等相关工作，以主办方、承办方、协办方和赞助方4类机构最为常见。

主办方，指拥有会议主办权的机构，大型会议多以政府部门、专业协会、公司等作为主办方。

承办方，指负责提供并具体实施会议方案的机构或个人，大型会议多以政府部门的下级机构、协会某会员单位、公司某部门或专门策划活动的外部会议公司作为承办方。小型活动一般不注明承办方。

协办方，指协助主办方和承办方组织会议的机构或个人，一般较大规模的会议需要协办方协助办理相关事项。

赞助方，指为实现自己的目标（多为获得宣传效果），向会议提供资金或资源的机构或个人。赞助的实质是双方资源或利益的交换与合作。有时，出资金额较大的赞助方会要求主办方在会议名称中加上其公司（或主推产品）的名字或Logo，以实现冠名赞助。

（2）与会者角色

与会者即参加会议的人员，以是否享有发言权和表决权为标准，可分为出席人员、列席人员和旁听人员3类。

出席人员，指拥有发言、表决等能够影响会议结果的权利的与会者。

列席人员，指有发言权但没有表决权的与会者。

旁听人员，指没有发言权也没有表决权的与会者。旁听人员只能参加会议、听取会议报告等，不享有出席和列席人员的各种议事参与权。

主持人为特殊的与会者，后文会专门讲述，此处从略。

（3）会务人员角色

会务人员是为会议提供服务的人员，其服务内容贯穿会前、会中、会后全过程。常见的会务人员角色分组和职责如图6-2所示。

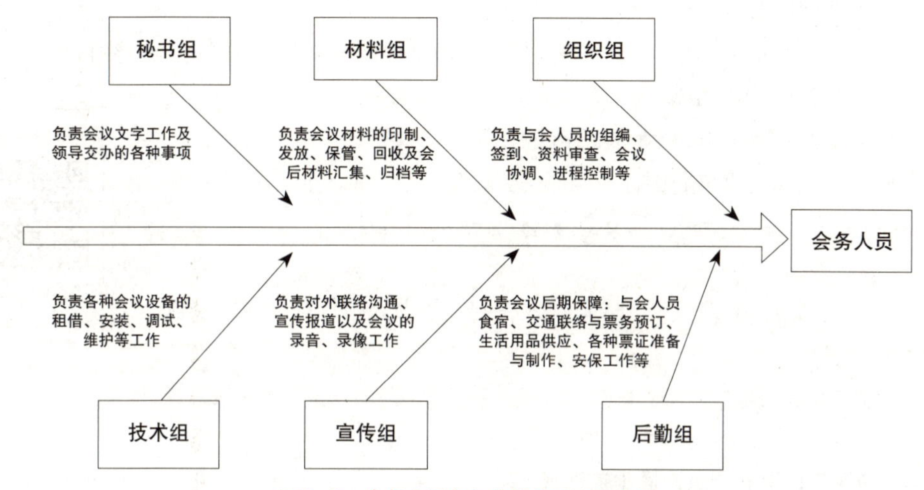

图6-2　会务人员角色分组和职责示意图

5. 明确与会者数量及规模

沟通渠道数量与与会者数量关系的公式为：沟通渠道数量$=[n\times(n-1)]\div 2$（n表示与会者数量）。适宜的与会者数量和会议规模有利于控制会议成本，提升会议效率。对于决策型会议来说，一般管理者认为沟通渠道数量在10～20个较为适宜，也就是较理想的与会者数量应是5～7人。

6. 布置会场

（1）会场选择要素

选择合适的会场不但能为与会者提供便利，而且对打造良好的会议效果、会议氛围至关重要。扫码查看资料，该清单将为您的会场选择提供要素参考。

同时考察多个会场时，要填写会场情况考察记录表，以便后续对比甄选。

（2）会场布置方式

常见的会场布置方式有礼堂式、全包围式（圆桌式）、半包围式。根据不同的会议类型、与会者数量选择不同的布置方式。

如果与会者数量较多，需分组讨论，则可将会场分成若干区块，每个区块选择相应布置方式进行布置。

（3）主席台座次布置方式

会议主席台是与会者瞩目的焦点，为便于交流，常与其他与会者呈面对面设置。在较为正式的国内会议中，主席台座次要按照出席领导的职务高低排列。最高职位领导座次位于正中间（有时此座位由最有声望的与会人员就座），其他领导按照先左后右（以主席台朝向为基准）、一左一右的顺序逐一安排。如主席台设有发言席，则发言席多设置在主席台最右侧，主持人坐于发言席左侧。如无发言席，则主持人在主席台最右侧就座。

文化小贴士

以“左”为尊与以“右”为尊

（二）会间组织

知晓会间组织流程，明确划分责任，能够有效地保证各项会议工作扎实有序推进。

1. 会议报到及接待工作

会议报到及接待工作包括：与会者的接送；会议交通工具的安排；与会者返回时车、船和飞机票的预订及购买；会议文娱活动的安排和组织；其他属于招待方面的工作（会议报到及接待礼仪详见本项目专题一）。

扫码看资料

会间组织流程图

2. 组织签到

常见的签到方式有簿式签到、证件式签到、秘书人员代签到和电子自动签到4种。

3. 做好会议记录

会议记录的写法及要求详见本项目专题三。

4. 确保会议期间信息沟通渠道通畅

做好会议期间信息的收集、传递、反馈工作。做好会议期间的对外宣传，妥善处理与新闻媒体的关系，注意内外有别，严守单位秘密。收集媒体对会议的报道并提供给领导，为召开记者招待会做好准备。

5. 编发会议简报

会议简报的写法及要求详见项目三专题三。

6. 安排值班保卫工作

安排秘书坚守岗位，以保证会议顺利进行，并随时应对各种突发事件。做好与会者人身安全、会场和驻地的保卫工作，妥善保管重要文件，看护好会议设备、与会者贵重物品等。

7. 做好后勤保障

后勤保障工作包括食宿管理工作、迎送交通管理工作、会议车辆管理工作、财务管理工作、会议医疗卫生工作等。

扫码看资料

涉密会议的组织工作要求

（三）会后组织

会议结束并不意味着会议组织工作的结束，会后要做好善后和落实工作，让会议善始善终、圆满结束。了解会议决策的贯彻落实情况并做好及时反馈，以提高会议实效，保证后期工作顺利开展。

1. 善后工作

（1）做好离会服务工作

同与会者清算账目，并提供相关发票；提醒与会者归还自己参会所借用的物品，并确保自己不遗失物品。

（2）送别与会者

感谢各方（与会者，协办单位、赞助单位，相关工作人员）对会议的帮助和支持；引导与会者安全退场，引导车辆有序驶离。

（3）做好会场清理

会场用具清理包括：撤走会场内外会标、桌牌等标志，归还借用、租用的设备，撤走会场彩旗、绿植等临时性布置，清点会议用品、用具并归库，将会场摆设恢复原样，清扫收拾垃圾，通知服务人员关闭会场。

（4）结算会议经费

会议经费结算包括住宿费、会场租赁费等会费结算以及与单位财务部门的结算。会费结算时应做到账款两清，准确无误；将相关票据、合同和账目妥善保管，防止混乱和丢失。

（5）撰写会议纪要

纪要的写法及要求详见项目五专题三。

（6）会议宣传报道

撰写会议新闻的要求详见项目三专题三。

（7）撰写会议总结

会议总结的写法及要求详见项目二专题三。

（8）会议文件收集、整理、归档

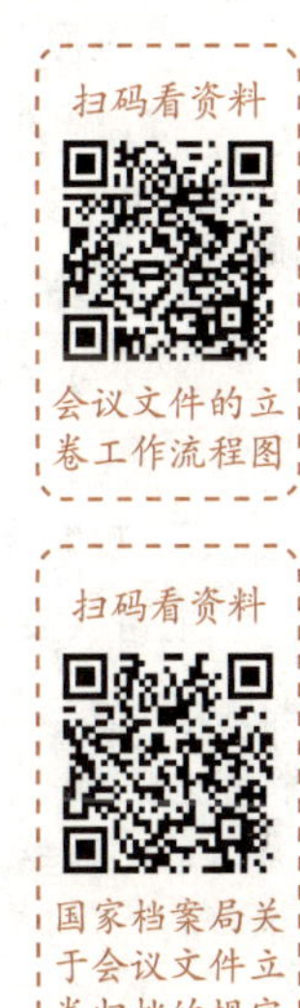

需要收集的文件有：会前准备并分发的文件，包括指导性文件、审议表决性文件、宣传文件、交流性文件、参考说明文件、会务管理性文件；会议期间产生的文件，包括决定、决议方案、提案会议记录、会议简报等。将收集的资料依据会议的内在联系加以整理，分门别类地形成一个或一套案卷，归入档案。归档要注意贯彻“一会一案”的基本原则，编制案卷目录立卷归档。

2. 落实工作

（1）传达会议决议

传达会议决议的基本要求是确保会议决议准确、及时、传达到位。传达方式根据会议性质和内容要求选择，常见的有口头传达、录音录像传达、印发文件（如会议决定、会议简报、会议纪要、催办通知等）传达。属于保密事项的，要严格遵守保密规定。

（2）催办会议决议

扫码看资料

会议决议执行追踪及反馈表

会后要指派人员对会议相关决议事项的办理情况进行检查和催促，以保证会议决议事项办理工作的顺利进行。催办的方式有发文催办、电话催办、派员催办或约请承办部门来人汇报等，催办方式可以交替、结合使用。需要注意的是，对于重要的会议决议事项，应采取发文催办的方式，要求有关部门限期办理完毕。

（3）反馈会议决议的落实情况

对所有会议决议做好登记管理、落实和跟踪工作，及时了解各执行和配合部门对各项工作的开展和贯彻落实情况，填写《会议决议执行追踪及反馈表》，将进度、问题、影响等信息反馈给领导。对超期完成的工作，要继续跟踪、催办，直至完成。

微课

会议主持的沟通技巧

二、会议主持

（一）会议主持的职责

1. 营造和谐的会议气氛

会议主持人应当按照会议的性质、传达的内容来定位会议的主持风格，并根据与会者的不同风格，营造会议的气氛。

2. 控制会议时间、推动会议进程

主持人的本职工作包括：以简明的开场白介绍会议时长、发言时限等会议规则；引导相关人员围绕中心议题讨论，如出现跑题现象，应有策略地叫停；控制发言节奏并合理提醒、引导发言人言简意赅地讲清主题；强调对发言时间的要求，出现超时发言时进行巧妙提醒；化解分歧，避免出现与主题无关的长时间无效争辩。

3. 鼓励与协调与会者发言

充分调动与会者的积极性，让其主动、自觉地发言；如与会者发言积极性太高，则要适当控制以推动会议进程；鼓励与会者轮流发言、集思广益。

4. 观察与会者的反应并给予及时的反馈

通过与会者的语言、表情、动作等非语言沟通形式，准确了解与会者的情绪，灵活采取恰当措施。

5. 控制会议现场，处理突发情况

主持人要保证会议始终聚焦主题，预判并灵活应对会议的突发情况。常见的突发情况有主席或发言人的发言离题、与会者互相争论或出现不耐烦等情绪变化、会议被少数人垄断等。

6. 总结发言和讨论

发言环节结束后，紧扣会议主题，总结发言中的重点内容。讨论环节后，进行讨论总结，剔除小的、次要的问题，引导讨论结果聚焦会议议题。保证话题在各与会者之间转换，以形成良性互动。

7. 做好会议活动总结

主持人的会议总结职责一般包含两个方面：一是对会议进行的情况作总结；二是对会议的成果进行总结。如会议还有些尚未解决的问题，在会议总结时也应一并作出说明。

（二）主持人沟通技巧

主持人的语言沟通能力表现在语言应用层面，来源于主持人的自身素养，包括思想理论功底、政策认知水平、价值观念、敬业精神、文化修养、审美理想、情感态度、人品道德等。主持人的语言沟通能力要在日常生活中逐渐积累、自我塑造。

1. 掌握语言要求

紧扣会议主题，不要喧宾夺主；主持词篇幅短小，提纲挈领；语言风格平实庄重、简明确切；主次分明，精在开头，巧于结尾；善于应变，勇于创新。

2. 准时自信开场

根据会议议程准时开场，宣布会议主题，强调会议目的，评估会议价值，激发与会者兴趣；介绍会议议程及重要规则，保证会议顺利进行。

3. 诚挚倾听，建立信任

与会者发言时，要认真倾听并积极思考，适时给予反馈，让发言人感受到尊重与重视，建立信任。倾听时最好不时点头且面带微笑，眼神要与发言人接触。

4. 善意提醒，正确引导，掌握进度

引导控制会议议题和方向，避免冲突。巧妙提醒并在必要时打断发言超时者，引导和启发发言时间过短的发言人。

5. 选择合适的互动讨论方式

会议互动讨论方式主要有以下几种（见表6-2）：自由讨论、分组讨论、头脑风暴、德尔菲法、哥顿法。综合评估每种方式的优劣势所在，根据会议实际，选择适宜方式。

表6-2　会议互动讨论方式

方式	定义	评价
自由讨论	非程式化自由互动，通常以作出决议来结束会议	可自由发表各自的见解意见，能够满足团队间交流信息的需求，能够形成上下级之间的亲近感。 会产生人际关系方面的顾虑；费时间；讨论容易跑题，没有方向性；容易被强势人员控场
分组讨论	把与会者分成几个小组，组内各自讨论，讨论后组长向全体与会者作总结报告	相对自由放松，能减轻成员压力感；容易激发创意
头脑风暴	与会者围绕一个特定主题进行无限制的自由联想和讨论，其目的在于产生新观念或激发创新设想	没有拘束，能让与会者打开思路，使各种设想在相互碰撞中激起脑海的创造性风暴，引导与会者进入思想的新区域，从而产生很多新的观点和解决方法
德尔菲法	一种反馈匿名函询法，在对所要预测的问题征得专家的意见之后，进行整理、归纳、统计，再匿名反馈给各专家，再次征求意见，再集中，再反馈，直至得到一致的意见	可以避免群体决策的一些可能的缺点，权力最大或地位最高的人没有机会控制群体意志，每个人的观点都会被收集。另外，管理者可以保证在征集意见以便作出决策时，没有忽视重要观点
哥顿法	又称教学式头脑风暴法或隐含法，是一种由会议主持人指导进行集体讲座的技术创新技法。先由会议主持人把决策问题向会议成员作笼统的介绍，然后由会议成员（即专家成员）讨论解决方案；决策者将决策的具体问题展示给小组成员，使小组成员的讨论进一步深化，最后由决策者吸收讨论结果，进行决策	优点是将问题抽象化，有利于减少束缚、产生创造性想法；难点在于主持人如何有效引导

6. 有效反馈，评论总结

主持人适时对与会者的回答或发言作出评论，如“我明白您的意思了，我认为问题是……”；预估其他与会者是否完全理解发言人的意思时，可以采用“测试”的问话方式，保证其他与会者真正弄懂、完全理解发言人的意思，例如“您刚才说的是……意思，我理解对了吗？”在测试完理解情况之后，把与会者的意见集中起来进行评论或总结，如“刚才大家讨论得非常好，我来总结一下你们说的内容。一，……二，……三，……”。

7. 选择适宜的决策方式

常见的4种群体决策方式为权威决策、少数服从多数决策、共识决策、无异议决策。这4种群体决策方式的适用情境详见表6-3。

表6-3 4种群体决策方式的适用情境

决策方式	适用情境
权威决策	权威决策出现于最高掌权者具有决策权和否决权，单方面作出决定时。 适宜使用：组织授权团队领导人作最终决策并全权负责时。 不宜使用：团队领导人希望团队成员接纳并支持某项决策时
少数服从多数决策	少数服从多数决策出现于多数成员同意提案时，它以民主原则为基础。 适宜使用：时间有限而决策结果不会对反对者造成消极影响时。 注意：投票容易导致输赢之争，输方将难以尽职和投入
共识决策	共识决策产生于所有成员都不同程度地支持某项提议，每一团队成员均有否决权时。 共识决策提供一种反映所有成员想法的全面的解决办法，能够提高成员实施决策的积极性，体现平等原则。 注意：如果决策时间有限，或团队成员不具备足够的决策技巧，决策就难以形成
无异议决策	无异议决策产生于所有成员对某项决策完全赞同时。 当提案非常重要，要求所有成员达成完全一致时，团队应作出无异议决策。 注意：无论团队具备什么样的经验，无异议决策都很难达成；只有当一项决策的结果对每个成员都至关重要时，团队才有可能作出无异议决策

8. 沉着应对突发状况，正确处理危机

主持中如遇突发状况，主持人首先要控制情绪，然后自然大方、随机应变，即兴发挥，把握“主动权”。主持人要通过肢体动作等隐蔽的方式进行适当交流，以保证会议顺利进行，避免抢词、冷场情况的出现。

扫码看资料

会议常见危机处理建议

三、会议发言

（一）与会者的责任

1. 与会者开会前的责任

根据个人的观点研究问题；依据提供的资料准备论证的材料；记下开会的时间、地点；

做好在会议中尽量表达的心理准备；整理疑点和模糊问题，以在会议中征询清晰解释。

2. 与会者会议中的责任

确保准时与会；关注正在讨论的事项，尊重他人，认真倾听他人的意见；与主持人密切配合以达到会议目的；积极发表自己的见解，注意观点要有根据；避免不当的肢体语言，如双腿晃动、发出过大声响等，发言时不与主持人对视，眼神飘忽不定等。

3. 与会者会议后的责任

审视会议结果是否达到预期目的；梳理未完成事项；思考会议分配给自己的任务如何完成；总结会议的组织情况和自己在会议中的表现，梳理成功和不足之处，以提升会议组织能力、会议发言水平。

（二）会议发言技巧

1. 选择最适合发言的座位就座

座位与主席台的距离要适中，尽量靠近会场中间，以观察到主席台领导的面部表情为宜，同时保证发言时可以与主席台领导进行视线交流，及时得到领导的反馈。

2. 事先草拟发言提纲

首先罗列所有发言中可能用到的信息，将信息分类、归纳、整理，放到不同的框架之中，然后提炼主题，一个框架即为一个主题或分论点；最后按照逻辑关系梳理内容顺序、列出标题、草拟会议发言提纲。

3. 根据目的整理发言

（1）一般性会议的发言

把握会议的主题、目的和要求；说明自己的见解和看法；语言简洁明了，表达个人风格。

（2）以“动员”为目的的发言

明确指导思想；选择鼓舞士气的开场白；说明活动背景；明确活动任务；提出活动要求；语言要善于激发热情，切忌说套话、空话。

（3）以“总结”为目的的发言

简要交代背景；明确总结的内容，紧扣主题，抓住重点，详略得当；以正确的思想理论为指导；坚持两点论，克服片面性；观点与事例相结合，论据确凿可靠，有代表性、权威性。

（4）以“庆祝”为目的的发言

明确庆典活动的性质、意义；简述庆典活动的内容及所要达到的目的；对庆典活动表示庆贺、支持并提出希望。

（5）以“述职”为目的的发言

明确述职的要求；明确述职的指导思想，认定角色、表述功过；简述工作概况；巧述履职状况；结尾“就近望远”提出工作设想和今后努力的方向。（就职演讲详见项目八专题二。）

（6）以“亮相”为目的的发言

充分认识亮相发言的重要性；呈现自己的学识才华和个人风格；留有余地，不把话说得太过、太满。

（7）以“阅历沟通”为目的的发言

把握所介绍阅历的本质与特点；突出重点，表达符合现代社会发展的观念意识；语言表述要逻辑严密、条理清楚；“阅历”与“体会”相融合。

4. 将发言内容结构化，增强语言逻辑性

应用金字塔原理——“结论先行，以上统下，归类分组，逻辑递进”的原则，先确定中心论点，然后用上一层论点统领下一层分论点，保证所有论点与思想属于同一个逻辑范畴，最后按照一定的逻辑顺序将各个论点与思想组织在一起，以保证自己的发言条理清晰、层次分明、结构严谨。

5. 善用论据，使发言可靠

论据尽量选取统计数据、研究成果、测验结果、实例、来自外部的客观评价，让发言真实可信。

6. 根据现场情况，灵活、针对性地组织发言

根据听众的文化层次、知识水准、年龄性别、人数多少等因素，选择发言角度，提高发言的针对性；明确自己的身份，讲究发言的策略，言之有度，防止出现不对、不妥、不当、不够等有失分寸的情况。

7. 注意语言运用，使发言结构合理化

（1）开好头

不要过分自谦，开门见山地把主要内容、主要观点、基本要求和大致事由用简练的语言讲述清楚。以新颖的开头、创新的思维达到一鸣惊人的效果。需要注意的是，在别人之后发言时，要先做肯定评价，再提出建议。

（2）扣主题

要善于围绕主题突出中心思想。要做到中心突出，除了要条理清晰外，还要主次分明，详略得当，对先讲什么、后讲什么、重点是什么做到心中有数。

（3）结好尾

发言要想达到完美的效果，精彩的结尾非常重要。可以使用总结法、号召法、展望法、希望法、祝愿法等方法结尾，使结尾简洁有力。

沟通实践

学校将举办“大学生通识教育教学暨素质提升工程教学研讨会”，请你组织此次研讨会，并担任主持人的角色。

专题三　会议材料写作

任务与目标

组织会议和参加会议有很大的不同，组织会议涉及诸多会议材料的撰写。会议材料类文书，是在会议召开的前、中、后3个时段内为保障会议的如期举行、圆满成功及其内容的传达贯彻、存档备查而形成的书面文字。

想一想：举办“大学生通识教育教学暨素质提升工程教学研讨会”，需要准备哪些会议材料呢？

通过本专题的学习，我们要：

（1）学会拟定会议方案和会议议程；

（2）学会拟定并发布会议通知或会议邀请信；

（3）学会撰写会议主持词、开幕词、闭幕词等；

（4）掌握做好会议记录的技巧。

召开会议是各级各类党政机关、社会团体、企事业单位经常性的活动之一。会议材料类文书是保障会议如期举行、成功举办的书面材料。

一、会议材料准备

（一）会议准备阶段的材料

会议准备阶段需要完成会议审批、拟定会议方案、准备会务资料、进行会议前期宣传等工作。

1. 会议审批手续

如果相关会议需要审批后方可召开，则需按要求填写好相关的会议审批表，逐级走审批程序。如有经费支出，要严格控制会议活动经费，还需填写经费预算表，交给有关部门或领导审批。

2. 会议方案

召开会议之前，需要拟定会议方案。会议方案需要考虑会议全过程的各项事宜，并形成文字材料，这些材料包括多方面的内容。会议方案一般包括以下内容。

（1）会议的基本要素，如会议名称、主题（议题）、时间、地点、规模、拟邀请的领导或专家、会议初步流程，以及会议的场地选择和方式设计（圆桌会议、课桌式会议、剧场式会议，是否搭建主席台等）。

（2）会务筹备组及分工。成立会务筹备组并合理分工，如指定专人负责会议文件起草、物资准备、会务宣传、会议接待、会场服务等。

3. 会务资料

会议主办方获得会议审批后，成立会务组，商定会务分工，准备各类会务资料，特别是需要编制并印刷会议所需文件资料。如果会议规模较大，在具备条件的前提下可将与会者的资料按人次准备好，注意区分与会者的角色（如出席人员、列席人员、旁听人员）。会议资料较多时，需要按照会议议程将会议资料按次序排放，最好装订成册，编好页码，方便与会者阅读。根据需要准备会议前期宣传材料、主持词、讲话稿、座次表、名卡等。其他资料包括会议手提袋、会议手册、笔和记录本、参会证（代表证）、横幅或背景板等。

4. 前期宣传

会议召开前的宣传主要是为了营造良好的会议氛围。不同的会议，前期宣传的方式和力度不同。如果是内部会议，可以制发会议通知、发布会议预告等；如果是外部会议，需要制发邀请信，寻求外部媒体进行宣传，有的还可以寻求赞助商进行冠名。

（二）拟定会议议程

根据会议的时长合理安排会议议程。拟定会议议程的前提是确认每个环节的所需时长。如果会议议程较少，可以采用按顺序分条列项的写法；如果会议议程较多、时长较长，可以分时段以表格形式呈现。时长较长的会议，会议中间可以安排休息时间（茶歇）。如果是一天及以上的会议，还需要确认是否需安排食宿。

二、会议通知的写作

单位内部的会议，一般制发会议性通知即可；如果是邀请单位外部人员出席会议，不宜发送通知，可以发送会议邀请信。

（一）会议性通知

在日常工作中，很多单位在召开会议之前都要制发会议通知，这类通知与党政机关公文中的“通知”略有不同，一般不采用“红头文件”形式，不编发文字号，但写法与公文中的“通知”是一样的。

（1）标题。标题通常有3种形式：采用“发文机关名称+关于召开××会议+通知”结构，如《××职业技术学院关于召开就业工作推动会的通知》；采用“事由+文种”结构，如《关于召开暑假安全工作会议的通知》；直接以文种名称“通知”作为标题，如《通知》。

（2）主送对象。关于日常事务的会议通知，主送对象可以是单位、部门，也可以是相关人员。

（3）正文。会议通知在写作上具有要素化的特点。开头部分主要交代会议缘由、依据等，写明会议名称、发文目的。主体部分可以分条写明会议议题、会议时间、会议地点、参加人员、会前准备及其他注意事项等。

（4）落款。写明发文单位名称和发文时间，需要时加盖公章。

（二）会议邀请信

邀请信是党政机关、企事业单位、社会团体或个人邀请有关人士前往某地参加会议、学术报告、纪念活动以及婚宴葬礼等的一种专用书信，有时又叫“邀请函”“邀请书”“请柬”等。这里的邀请函不同于党政机关公文中的公“函”，二者在法定效力和行文要求上有所不同。

邀请信由标题、称谓、正文、结束语、落款5个部分组成。

（1）标题。标题有两种写法：一是直接写“邀请信”或“邀请函”；二是采用“事由+文种”结构，如《关于出席××会议的邀请函》。

（2）称谓。在标题下一行顶格写称谓，写被邀请的单位或个人的名称，后加冒号。

（3）正文。正文写明举办会议的背景、目的、时间、地点、内容、方式、邀请对象以及需要邀请对象所做的工作等。会议活动的各种事宜务必在邀请信中写周详。如果邀请了外地来宾，在正文之后可将报到地点、食宿安排、接站安排、乘车线路等信息告知邀请对象。

（4）结束语。另起一行，写上“敬请光临”“欢迎光临”“敬请莅临指导”等，也可直接写在正文结尾处。

（5）落款。另起一行，在正文右下方写上发出邀请的单位名称或个人姓名，成文日期写在署名下方。若邀请方是单位，还应加盖公章。

三、会议致辞类材料的写作

（一）主持词的写作

1. 主持词的含义

主持词是会议主持人用于掌控会议程序、串联会议议题的发言底稿。大中型会议一般需要拟定主持词，小型会议可以由主持人即席发挥。

2. 主持词的写法

主持词是会议的串场词，一般不对外公开。主持词虽然不是一篇完整的发言稿，但是也有其自身的构成要素。主持词一般由标题、称谓、正文和结束语等部分组成。

（1）标题。标题可用"会议名称+主持词"结构，也可直接用"主持词"。

（2）称谓。主持词的称谓需根据主持人与与会者之间的关系来确定。根据会议的性质和出席会议的人员来使用称谓，一般用泛称，如"尊敬的各位老师、亲爱的同学们""各位代表、各位来宾"等。如果是党的会议，就用"同志们"；如果是国际会议，要按国际惯例来排序，较常见的是"各位嘉宾、女士们、先生们"。称谓的选用要涵盖全体人员，不能遗漏。在称谓后面再加上礼节性的问候，如"大家好""晚上好"等。

（3）正文。正文一般包括开头、主体和结尾3部分。

开头部分，主持人首先要介绍会议的主办单位、承办单位和协办单位（如有），然后介绍出席会议的人员。介绍出席人员时，要注意介绍的顺序，先上级后下级，先来宾后本部，先专称后泛称。如果会议有专门的"致开幕词"环节，则由致开幕词的人宣布会议开幕；如果没有"致开幕词"的环节，主持人可以在开场部分宣布会议开幕。

主体部分，主要是为了灵活掌控会议议程、确保会议顺利召开而提前准备的串场词，可以根据会议议题逐个撰写，对上一个议题作出精练的概括，对下一个议题进行自然的过渡和有效的提示。对于有多个议题的会议，需要熟悉每个议题的内容，做好议题与议题之间的衔接和过渡，做到承前启后。

结尾部分，需要对会议进行简明扼要的总结，归纳概括会议主要议题的讨论情况，阐明会议的成效和价值，可再次指明会议的目的和意义等。为了确保会议按计划进行，主持人在对会议议程、安排进行说明之后，还可以就会议纪律以及大会发言、小组讨论等相关事项对与会者提出明确要求。

（4）结束语。用于宣布会议结束并致谢。

主持词的写作要求

（1）熟悉议程，精心准备。在撰写主持词之前，一定要熟悉会议的背景和每一个议题，并认真分析每个议题之间的关系，然后确定议程。确定议程的过程就是串联主持词的过程。确定议程时，要坚持便于会议顺利进行、优化会议的整体效果和符合逻辑的原则。

（2）注意条理，衔接得当。在确定好会议议程之后，就要认真考虑如何写开场白、如何形成高潮、如何结尾，这些都是主持词不可或缺的部分。主持词旨在将会议议程串起来，但仅仅"串"起来还不够，还必须"串"得自然流畅。

（3）善于应变，勇于创新。会议主持词的写作没有固定的格式，不同内容的会议可采用不同的语言和风格。例如，法定会议与临时会议在语言和风格上肯定不一样。如是法定会议，必须严格参照预定的会议议程进行主持词写作，把握会议的正确方向。在有讨论议程的会议上，主持词就要善于应变、灵活多变，如“各位领导、同志们，刚才大家就××、××等问题发表了很好的建议和意见，并就××、××等问题进行了深入讨论。”这些“××”等问题都是临场应变总结出来的。在会议进行的过程中，有时会发生一些意想不到的问题，这时就需要勇于创新。

（4）巧于结尾，引发共鸣。会议主持词的结尾写得如何，直接关系到会议召开的效果和影响。在撰写主持词的结尾部分时，语言要有鼓动性，内容要有号召性，力求营造良好的会议气氛。结尾要充分展现自信和魄力，正视前进中的困难，坚信事业能够成功，勇往直前，引起听众强烈的共鸣，从而使会议精神化作听众的自主意愿和自觉行动，成为促进工作目标实现的强大动力。

（二）开幕词的写作

1. 开幕词的含义

开幕词是会议讲话的一种，是党政机关、企事业单位、社会团体的领导或工作人员在比较庄重的大中型会议开幕时的致辞，旨在阐明会议的指导思想、宗旨、重要意义等，向与会者提出开好会议的中心任务和要求，对会议有着重要的指导作用，具有宣告性、指导性和标志性的特点。开幕词也可用于大型活动的开幕式宣布活动开幕。

开幕词适用于较为隆重的会议，一般性会议可以不致开幕词，会议主持人直接宣布会议开始即可。开幕词用于会议宣读，因此，开幕词要短小精悍、简洁明了、通俗易懂、生动活泼，要适合口语表达。

2. 开幕词的写法

开幕词由标题、称谓、正文和结束语4部分组成。

（1）标题。标题一般有4种写法：采用“会议名称+文种”结构，如《××职业技术学院第×届大学生文化艺术节开幕词》；采用“致辞人姓名+会议或活动名称+文种”结构，如《×××同志在×××大会上的致辞》；采用正副标题形式，正标题揭示会议的宗旨、中心内容，副标题与前两种标题的构成形式相同；也可以只写“开幕词”。

（2）称谓。根据会议的性质和出席会议的人员来使用称谓，与主持词的称谓相同。

（3）正文。正文包括开头、主体和结尾3部分。

开头部分，主要用于宣布会议开幕。一般的写法是：开门见山地宣布会议开幕，会议名称要写全称，以示庄重。也可以对会议召开的背景、规模、意义、出席会议人员情况和会议筹备情况作简要的介绍，并对会议的召开表示热烈的祝贺，对与会者的到来表示热情的欢迎，以渲染会议气氛，激发与会者的热情。写作时，开头部分应单列为一个自然段，与主体部分区分开来。

主体部分，开幕词的核心部分，通常包括以下3方面内容：首先，阐述会议召开的背景、意义，阐明会议的指导思想，提出会议的任务；其次，通过对以往工作情况的概括、总结和对当前形势的分析，说明本次会议是为解决什么问题或达到什么目的而召开的；最后，对会议的议程、要求、希望等进行说明。如果开头部分已经对会议的规模、意义、召开的背景、出席会议人员情况和会议筹备情况作了简要介绍，主体部分就不再阐述。

结尾部分，通常是发出号召和提出希望，以鼓舞人心。

（4）结束语。开幕词的结束语一般独立成段，多用“预祝本次大会取得圆满成功”“谢谢大家”等语句。

3. 开幕词的案例分析

××技能竞赛开幕词

各位领导、老师，同学们：

大家好！经过前段时间的紧张训练和准备，20××年××技能竞赛××赛区的竞赛今天顺利开幕了。在此，我首先代表××全体教职工对前来指导工作的领导表示热烈的欢迎，对竞赛筹备组的工作人员表示衷心的感谢，对参赛的同学们表示真诚的祝愿！

随着社会的不断发展和进步，有着较强动手能力的技能型人才越来越受到社会的欢迎，需求量日益增大。技能竞赛是培养和发现技能型人才的有效途径之一，同时，定期举办××技能竞赛是对××教育发展成果的一次大检阅，是对广大师生奋发向上、锐意进取风貌的一次大展示，对促进××教育又好又快发展具有十分重要的意义。

此次竞赛，同学们的参与面较广，这一方面可以更好地“以赛促学”，给同学们提供一个切磋技艺、展示水平的舞台，再次掀起勤练技能、学好技能的热潮；另一方面可以“以赛促教”，促进学校切实加强技能教学，全面提高教学质量。希望各位参赛选手充分发挥聪明才智，沉着、认真地对待每一项赛程，以良好的心理素质和精神风貌赛出风格、赛出水平，取得好成绩。同时也希望工作人员和裁判员遵守竞赛规则，坚持公平、公正、公开的原则，认真负责，一丝不苟，坚守岗位，确保竞赛顺利进行。

最后，预祝本次竞赛取得圆满成功！

简析

这篇开幕词在称呼、问好之后，对与会者的到来表示欢迎、对工作人员表示感谢、对参赛学生表示祝愿。第二段简要说明了举办××技能竞赛的意义。第三段对本次竞赛的参赛选手、工作人员和裁判员提出希望。全文简洁明了、逻辑清晰。

开幕词的写作要求

（1）篇幅短小，内容明快。开幕词是对会议内容和有关事项的简要说明，主要功能是宣告会议开始，并做简要动员。因此，开幕词的篇幅不宜过长，三五分钟之内读完即可；内容力求简洁明快。

（2）语言真挚，感染力强。开幕词的语言要饱含热情，感情真挚，有一定的鼓动性和感染力，要能激发与会者的积极性和主动性。

（三）闭幕词的写作

1. 闭幕词的含义

闭幕词是党政机关、企事业单位、社会团体的有关领导或工作人员在比较庄重的大中型会议结束时所作的总结性讲话。闭幕词旨在总结会议召开情况，评价会议的成果、意义以及影响，并向与会者提出落实大会精神的要求、奋斗目标和希望等。

2. 闭幕词的写法

闭幕词一般由标题、称谓、正文和结束语4部分组成。

（1）标题。闭幕词的标题撰写和开幕词相似，但也有不同。开幕词的标题可采用双标题的形式，而闭幕词的标题一般不采用双标题。

（2）称谓。与开幕词的称谓写法类似，要涵盖所有与会者。

（3）正文。正文包括开头、主体和结尾3部分。

开头部分，先用概括性的话语对会议作一个总体评价，然后简要说明会议的经过，指出是否完成了预定的任务或胜利闭幕。

主体部分，通常包括3方面内容：第一，对大会进行概括、总结，概述会议的进展和完成情况以及会议通过的主要事项和基本精神；第二，恰当地评价会议的收获、意义以及会议的影响；第三，指出本次会议对今后工作的指导意义，并向与会者提出贯彻会议精神的基本要求等。闭幕词主体部分的总结应与开幕词中提到的会议任务前后呼应，以显示按要求完成了会议既定的任务。

结尾部分，一般以坚定的语气向与会者发出号召、提出希望、表示祝愿等，还可以向保障大会顺利进行的有关单位及工作人员表示衷心的感谢。

（4）结束语。郑重宣布会议闭幕。

3. 闭幕词的案例

在×××学术论坛闭幕式上的讲话

各位专家学者，老师们、同学们：

大家好！经过两天的激烈讨论，在与会专家学者、带队老师和我校师生的共同努力下，论坛完成了各项议程，取得了圆满成功。在此，我谨代表××学院，对各位专家的大力支持表示衷心的感谢，对参与筹备、组织、服务此次论坛的师生致以由衷的谢意！

本次论坛得到了×××协会、×××、×××等单位的支持，受到了×××院士、×××教授的具体指导。××单位的××教授、××教授分别作了精彩的大会主题报告；共有×位专家出席论坛并作学术点评，有×位学者和研究生作了分组报告。今年的论坛，主会场的主题报告和分会场的专题报告，围绕×××、×××、×××等议题，涉及×××（领域）的前沿、趋势与展望，涉及研究生人才的教育和培养，使与会的青年教师和研究生同学开阔了视野，吸收了新的思想，激发了新的思维。

本次论坛非常荣幸地得到了论文评审专家的大力支持，他们不辞辛苦，在百忙之中为论坛审阅论文，亲临论坛指导点评，使与会的广大研究生同学倍感亲切，受益匪浅，深受鼓舞。在交流过程中，会场气氛热烈，学术氛围浓厚。研究生同学敢于阐述自己的学术观点，相互交流自己在学习和工作中的体会，勇于提出问题和质疑，虚心向专家请教；点评专家恰如其分的点拨和指导，处处凝聚着对研究生同学的欣赏和关爱。通过学术交流，本次论坛达到了相互学习、相互促进、共同提高的目的，效果很好。

本次论坛具有“新”“多”“活”的特点。所谓“新”，就是各位学者和研究生的论文选题新、观点新，体现了强烈的创新性。所谓“多”，就是本次论坛不仅有众多的本校研究生参与，还吸引了全国其他高校的众多研究生前来参与。所谓“活”，就是本次论坛不仅设置了主题报告和专题报告，还设置了沙龙和工作坊，研究生同学们既聆听了专家学者的学术报告，又得到了专家面对面的指导和训练，学术交流的形式灵活，收获颇丰。可以说，本次论坛是一场高水平的学术盛会，也是一次成功的学术训练营。

最后，我代表××学院并代表本次论坛的组委会，再一次对兄弟高校各位专家、学者和研究生光临××学院指导论坛工作、参加论坛活动表示衷心的感谢！

学术论坛一般由论坛承办方的领导来致闭幕词。正文第一段首先表达感谢，第二段对论坛的开展情况进行综述，第三段对论坛论文评阅与现场效果进行总结，第四段专门对本次论坛的特点进行提炼，指明论坛效果，结尾部分再次表示感谢。文章的结构清晰，语言简洁，有礼有节。

闭幕词的写作要求

（1）高度概括，重点突出。闭幕词不要像会议总结那样详细总结和评价会议内容，只需要简述会议的基本精神，提出和阐释会议的决议、决定、任务或要求等。

（2）篇幅短小，简洁有力。撰写闭幕词，要选择会议的精髓部分，用准确精练的语言进行高度概括，以便与会者把握重点，加深认识。如果精髓是对以后工作的建议或问题，则应点到为止，不必展开论说。

四、会议记录的写作

会议记录是由会务秘书或文秘人员把会议的基本情况、会议报告和发言的内容、议定的事项等如实地记录下来作为书面材料的一种文书。会议记录是客观反映会议情况的第一手资料，既可信又鲜活，是撰写其他相关文稿的基础性材料。下面介绍会议记录各部分的基本写法。

1. 标题

会议记录的标题一般由主办单位、会议事由、文种3个要素构成，如《×××第×次×××会议记录》。

2. 会议组织信息

（1）时间。可写会议具体日期，也可写起止时刻，如“20××年×月×日9：00—10：30”，也可模糊写成“20××年×月×日上午”。

（2）地点。可写会议所在会议室的名称或办公室房间号码等。

（3）主持人。写清楚会议主持人的姓名、职务等。

（4）出席人员。如果出席人员不多，可以逐一列出其姓名（可按一定的顺序排列）；如果人数众多，可列出不同级别的人数。有时为了统计和查考，召开重要会议时，建议出席人员在签到表上签名。

（5）列席人员。如果有些会议有列席人员，需记录列席人员名单。

（6）记录人员。写清姓名，注明职务。

（7）缺席人员。如有缺席的，写清姓名、单位、职务和事由。

有些会议对与会者数量有明确要求，需注明应到人数和实到人数。

微课

会议记录的写作

3. 会议内容

会议内容是会议记录的主体和重点所在，基本要求是记准、记清、记全，一般有两种记录方式：一是详细记录，一是摘要记录。

（1）详细记录。凡属内容重要、讨论议决事项比较复杂，涉及方针、政策的会议，均须不加取舍，有言必录，尤其是如实记录不同的观点和意见。

建议分条列项记录会议研究讨论的问题。记录口头发言时，做到如实记录，客观公正，力求全面无漏。如果担心有遗漏，建议同时录音。特别要记好结论性意见和安排部署，如有表决，还需记录投票统计情况。

（2）摘要记录。对于一般事务性会议，不涉及重大事项的，可采用摘要记录方式，记录每个人的发言要点、会议结论和议决事项。当发生争议时，则必须翔实记录双方的观点、意见。采用摘要记录，允许记录人员对发言内容予以适当的分析、判断、归纳，但不得歪曲发言人的原意，遗漏其主要观点。

4. 结尾

会议记录的结尾需认真对待。结尾另起一行空两格写上“散会”或“会议结束”，再由主持人和记录人员分别在此页右下方签名，以示负责。没有签名的会议记录，严格地说，是不能作为凭证和依据的。

会议记录的写作要求

（1）真实记录，避免主观。按照会议的进程，记录好会议的真实情况。不能随意更改或删减内容，不能以主观喜好来选择性记录不同人员的发言内容。

（2）清晰记录，准确把握。提前了解会议议程、议题等，搭建好会议记录的框架，提高记录的速度，做到跟得上、记得准、效率高。

（3）遵守纪律，注意保密。会议记录一般不得公开发表，如确需发表，则必须经会议主持人批准、发言人复核。妥善保管会议记录，不得随意外传。有些会议有涉密内容，所以必须严格遵守保密法规和制度。

写作实践

1. 学校将于近期召集各院系负责人召开期中教学工作会议，会议将总结前半学期的教学工作，分析目前教学中存在的问题，讨论改进措施和下一步工作安排。会议要求各院系发言。请你以学校教务处的名义撰写一份会议通知。

2. 你所在班级将举办一次就业经验交流会，会上将邀请毕业班学生分享求职经验。班主任请你策划组织此次交流会，并在会议结束后撰写此次交流会的会议记录。

项目七
培养胜任力

专题一　谈判礼仪

任务与目标

商务谈判是职场中的重要活动，商务谈判技术和商务谈判素质是职业人士的必备素养。

通过本专题的学习，我们要：

（1）掌握谈判的含义；

（2）掌握谈判准备和谈判中的基本礼仪；

（3）掌握签约礼仪的基本内容。

谈判又叫作会谈，是指有关各方为了各自的利益，进行有组织、有准备的正式协商及讨论，以便互让互谅，求同存异，以求最终达成某种协议的过程。从实践来看，谈判并非人与人之间的一般性交谈，而是有备而至，方针既定，目标明确，技巧性与策略性极强。

在任何谈判中，礼仪都颇受重视。其根本原因在于，在谈判中以礼待人，不仅体现着自身的教养与素质，而且还会对谈判对手的思想、情感产生一定程度的影响。

一、谈判准备

俗话说："不打无准备之仗，不打无把握之仗。"战场如此，商场亦如此。商务谈判开始之前，必须做好充分的准备。在此过程中，洽谈的目标、策略固然重要，但礼仪方面的准备也不可忽视。

微课

如何在谈判中展现风度

（一）谈判班子的准备

一般的商务谈判班子大多需配备3个方面的人员，即技术人员、商务人员和法律人员。从我国的实际情况出发，一般还应再有1名领导干部来领导和协调整个谈判班子，也可以从上述3个方面的人员中委任一人兼职担任领导工作。谈判班子的组建要遵循对等性原则，遴选与对方谈判班子职位相当的人员参加谈判。一个精干的谈判班子，不仅能给谈判创造有利的条件，同时也是对对方的尊重。

（二）礼物的准备

谈判中，双方可相互赠送礼物，以增进情感与友谊，巩固交易伙伴关系。赠礼之前，要弄清对方的喜好与习惯，一件价值不高但富于象征意义、充满地方特色的礼物总能备受欢迎。礼物价值不可过高，否则有行贿之嫌。另外，赠送或接受礼物均应符合有关法律与政策的规定。最后，凡接受他方礼物必须回赠相当礼物，或以适当方式表示谢意。要注意送礼的时机，彼此不熟时不要送礼。互赠礼物只有遵循这些原则，才符合礼仪规范。

（三）地点的准备

谈判地点的选择很有讲究，它不仅直接关系到谈判的最终结果，而且还直接涉及礼仪的应用问题。对参加谈判的每一方来说，确定谈判的具体地点事关重大。从礼仪上来讲，确定谈判具体地点时，有两个方面的问题必须为有关各方所重视。

（1）商定谈判地点。在选择谈判地点时，既不应该对对手听之任之，也不应当固执己见。正确的做法是各方各抒己见，最后由各方协商确定。

（2）做好现场布置。在谈判之中，身为东道主时，应按照分工，自觉做好谈判现场的布置工作。

（四）谈判座次的准备

举行正式谈判时，对有关各方在谈判现场具体就座的位次的要求是非常严格的，礼仪性很强。从总体来看，排列正式谈判的座次可分为以下两种基本情况。

1. 双边谈判

双边谈判，是指由两个方面的人员所举行的谈判。在一般性的谈判中，双边谈判最为多见。双边谈判的座次排列主要有两种形式可选择。

（1）横桌式。横桌式座次排列，是指谈判桌在谈判室内横放，客方人员面门而坐，主方人员背门而坐。除双方主谈者居中就座外，各方其他人员应依其具体身份，各自先右后左、由高而低地在己方一侧就座。双方主谈者的右侧之位，在国内谈判中可坐副手，而在涉外谈判中则应坐译员。

（2）竖桌式。竖桌式座次排列，是指谈判桌在谈判室内竖放。具体排位时以进门时的方向为准，右侧由客方人员就座，左侧则由主方人员就座。在其他方面，则与横桌式座次排列相仿。

2. 多边谈判

多边谈判，是指由三方或三方以上人员所举行的谈判。多边谈判的座次排列也可分为以下两种形式。

（1）自由式。自由式座次排列，即各方人员在谈判时自由就座，而无须事先正式安排座次。

（2）主席式。主席式座次排列，是指在谈判室内面向正门的位置设置一个主席位，由各方代表发言时使用。其他各方人员则背对正门、面对主席之位分别就座。各方代表发言后，须下台就座。

二、谈判中的礼仪

在谈判的过程中，首先要保证留下良好的第一印象，为接下来的谈判顺利进行奠定基础。谈判者有一定的谈判方针，进退有度，才能在谈判中维持主动。谈判中遇到意见不一时，更要保持沉着冷静，采取合适的方法打破僵局。

（一）第一印象

谈判之初，谈判双方互相留下的第一印象十分重要。言谈举止要尽可能创造出友好、轻松的谈判气氛。作自我介绍时，要自然大方，不可露傲慢之意。稍作寒暄，以沟通感情，创造温和气氛。谈判之初的重要任务是摸清对方的底细，因此要认真听对方谈话，细心观察对方举止，并适当给予回应，这样既可了解对方意图，又可表现出尊重与礼貌。

（二）谈判方针

谈判者在参加谈判时，首先需要更新意识，树立正确的指导思想，并以此来指导自己的谈判，这就是所谓的谈判方针。具体来说，它又分为以下几点。

1. 心平气和

在谈判桌上，谈判者均应做到心平气和、处变不惊。

2. 依法办事

依法办事，就是要求谈判者在谈判中自觉地树立法律意识，并且在谈判的全过程中贯彻这一思想。谈判者所进行的一切活动，都必须依照国家的法律，唯有如此，才能确保通过谈判获得既得利益。法盲作风、侥幸心理甚至铤而走险，都只会害人、害己，得不偿失。

3. 取得双赢

谈判往往是利益之争，商务谈判中，谈判各方都希望在谈判中最大限度地维护或者争取自身的利益。但最终从本质上来讲，真正成功的谈判是各方通过妥协达成了双赢或多赢。

4. 礼遇对手

在谈判之外，对手可以成为朋友；在谈判之中，朋友也会成为对手，二者要区别对待，不要混为一谈。在谈判过程中，不论身处何种环境，都不可意气用事、言谈举止粗鲁放肆、不尊重谈判对手。谈判者要时刻表现得自信、冷静、礼貌。

谈判既是双方组织实力的较量，也是双方谈判人员心理的较量。谁在谈判中更沉着、冷静，谁就可能在谈判中获得更多的胜利。

（三）打破僵局

要用礼节性的方式打破僵局。交锋阶段如果双方想法和要求差距很大，或是差距不大但都各持己见，就会出现僵局，使谈判停滞不前。出现僵局时，要讲究礼仪，用灵活的方式打破僵局。常用的方式方法有如下几种。

1. 变换谈判议题

由于某个议题发生争执而一时又无法解决时，不妨变换一下议题，把僵持不下的议题暂且搁置，等解决其他议题，再在友好的气氛中讨论僵持的议题。

2. 暂时休会

谈判出现僵局时，应当从谈判各方的实际利益出发，彼此约定再次商谈的时间、地点，以打破僵局。

3. 为对方找台阶

在僵局下让步被认为是有损“面子”的事，所以必要时可以给对方提供一些打破僵局的台阶，这往往会起到意想不到的作用。

4. 将问题上交

谈判陷入僵局而又没有可以打破僵局的方法时，谈判各方可将问题上交各自的委派者或上级主管部门，由其提供解决方案。此外，寻找调解人、寻找第三方案等都是打破僵局的好办法。谈判较量阶段是最需礼仪保驾护航的阶段，在谈判中千万不能伤了和气，不能伤害对方的尊严，不能失去对方的信任。否则，带来的损失将是无法弥补的。

三、签约礼仪

在商务交往活动中，需要把谈判成果和共识用准确、规范、符合法律要求的格式和文字记载下来，经双方签字盖章形成具有法律约束力的文件。围绕这一过程，一般都要举行签约仪式。

（一）仪式准备

在商务交往中，人们在签约之前，通常会竭力做好以下几项准备工作。

1. 布置好签约厅

签约厅有常设专用的，也有临时以会议厅、会客室来代替的。布置的总原则是要庄重、整洁、清静。

一间标准的签约厅，室内应当满铺地毯，除了必要的签约用桌椅外，其他一切的陈设都不需要。正规的签约桌应为长桌，其上最好铺设深绿色的台布。

2. 准备好待签的合同文本

依照商界的习惯，在正式签约之前，应由举行签约仪式的主方负责准备待签的合同文本。

负责为签约仪式提供待签合同文本的主方，应会同有关各方一道，指定专人，共同负责合同的定稿、校对、印刷与装订。按常规，应为在合同上正式签字的有关各方各提供一份待签的合同文本。必要时，还可再向各方提供一份副本。

待签的合同文本应以精美的白纸制作而成，按大8开的规格装订成册，并以高档材料，如真皮、金属、软木等，制作其封面。

（二）签字仪式的程序

签字仪式是签约仪式中的高潮，这个环节用时不长，但规范、庄重而热烈。签字仪式的正式程序一共分为4项。

1. 签字仪式正式开始

有关各方人员进入签约厅，在既定的位次上就座。

2. 签字人正式签署合同文本

通常的做法是首先签署己方保存的合同文本，再签署他方保存的合同文本。

商务礼仪规定：每个签字人在由己方保留的合同文本上签字时，按惯例应当名列首位。因此，每个签字人均应首先签署己方保存的合同文本，然后交由他方签字人签字。这一做法，在礼仪上称为轮换制。它的含义是在位次排列上轮流使有关各方均有机会居于首位一次，以显示机会均等、各方平等。

3. 签字人正式交换已经由有关各方正式签署的合同文本

签字完成后，各方签字人应热烈握手，互致祝贺，并相互交换己方刚才使用过的签字笔，以志纪念。全场人员应鼓掌，表示祝贺。

4. 共饮香槟，互相道贺

交换已签的合同文本后，有关人员，尤其是签字人可当场饮一杯香槟，这是国际上通行的增添喜庆色彩的做法。

在一般情况下，商务合同在正式签署后，应提交有关方面进行公证，此后才正式生效。

礼仪实践

以小组为单位模拟一次谈判活动，展示谈判礼仪。

专题二　沟通与洽谈

任务与目标

沟通是了解客户的真实需求，建立与维护良好客户关系的基础。企业要重视与客户之间的双向沟通，以积极的方式响应客户的诉求，获得客户对自身工作的认可。

通过本专题的学习，我们要：

（1）了解作为职场新人，应该如何与客户沟通；

（2）熟悉怎样在商务谈判中获得主动，达成谈判目的。

一、与客户沟通

（一）与客户沟通的含义

与客户沟通是指企业通过与客户分享信息、交流思想情感，以影响客户决策，建立和强化各方共识，减少和化解各方矛盾分歧，达成商业目的的过程。

（二）与客户沟通的作用

1. 与客户沟通是了解客户实际需求和期望的重要渠道

沟通能够帮助企业与客户建立友好、稳定的关系，进而获取重要信息，了解客户期望。沟通可以帮助企业确定客户现实需求、发掘客户潜在需求，进而把潜在需求变成现实需求，在竞争中取胜。

2. 与客户沟通是实现客户满意的基础

客户满意度是指客户期望与客户体验的契合程度。沟通是了解和满足客户期望，提升客户体验，实现优质服务的重要手段，是提高客户满意度的重要基础。美国营销协会的研究表明，在客户不满意的因素中，有2/3是企业与客户沟通不良导致的。

3. 与客户沟通是成功解决问题的最佳方式

与客户沟通是快速、有针对性地解决和满足客户的问题和要求，安抚客户情绪，消除客户不满，获得客户谅解的最佳方式。

4. 与客户沟通是维护客户关系的重要手段

只有及时、主动与客户沟通，建立顺畅的沟通渠道，与客户保持联系，才能维护好客户关系，勾勒合作前景，实现双赢。

（三）与客户沟通的途径

1. 通过企业人员与客户沟通

企业人员当面向客户介绍产品及服务，回答客户问题，向客户主动询问或发起调查，处理客户意见或投诉。

2. 通过活动与客户沟通

通过活动与客户沟通，指企业邀请客户参加座谈会、联谊会、沙龙、促销等活动，通过活动加强与客户的联系，让客户在轻松愉悦的气氛中感受企业文化。

3. 通过产品与客户沟通

通过产品与客户沟通是指企业通过产品本身或包装设计向客户传达企业文化、产品理念，产生与客户的心理、情感的沟通。很多时候，客户对企业的最初印象来源于产品。

4. 通过广告与客户沟通

通过广告与客户沟通是指企业通过广告向目标客户、潜在客户和现实客户传递信息，或进行解释、说明、说服、提醒等。广告是一种单向沟通，要最大限度地争取客户的信任，避免引起客户的逆反心理。

5. 通过通信工具与客户沟通

通过通信工具与客户沟通是指企业通过短信、电话、邮件、网络通信软件等通信工具与客户沟通，加深对客户的了解、与客户深入互动，以获得更好的成交转化成果。

（四）常见的风格分析系统

《孙子兵法》有云："知己知彼，百战不殆。"沟通前充分了解客户性格、沟通风格并做好准备，能够有效提高沟通的目标达成率。下面介绍两种常见的风格分析系统。

1. 行为特质动态衡量系统

行为特质动态衡量系统（Professional Dyna-Metric Programs，PDP）是一个用来测评、衡量个人的行为特质、活力、动能、压力、精力及能量变动情况的系统，能够帮助人们认识与管理自己，帮助组织做到人尽其才。该系统根据人的天生特质，将人分为5种类型：支配型、沟通型、耐心型、精确型、整合型，并将5种类型的个性特质形象化，依次对应老虎、孔雀、考拉、猫头鹰、变色龙5种动物，如表7-1所示。

表7-1 人的5种类型

类型	代表动物	关键特质	关注点
支配型	老虎	权威导向； 重实质报酬； 目标、成果导向	权力、声望、金钱、奖励与绩效
沟通型	孔雀	同理心强； 擅言语表达及自我宣传	形象、穿着、友情、受欢迎及公开的被赞美肯定、金钱的回报、名声地位
耐心型	考拉	爱好和平； 持之以恒； 忍耐度高	与人为善、尊重、真诚、持久、务实、和谐的人际关系

续表

类型	代表动物	关键特质	关注点
精确型	猫头鹰	喜欢精确； 重视专业性； 循规蹈矩	原则性强、完美主义、重是非
整合型	变色龙	协调性佳； 配合度高； 团体的润滑剂	适应力强、灵活性强

2. 罗杰·道森人际风格分析系统

美国谈判大师罗杰·道森提出按照情绪化程度、武断性的高低可快速进行人际风格分析，如图7-1所示。首先，用情绪化程度的高低判断一个人是感性还是理性：理性代表沉着冷静、就事论事；感性代表冲动、做事凭感觉。情绪化程度低，则代表此人性格偏理性；反之则偏感性。然后用武断性的高低判断此人的主客观意识偏向：武断性高代表主观意识很强，其特点是说话斩钉截铁，不需要别人做解释，也不需要向别人解释；武断性低代表客观意识比较强，表现为尊重别人的意见，做事时会给别人一个完美的答案并加上一些解释。

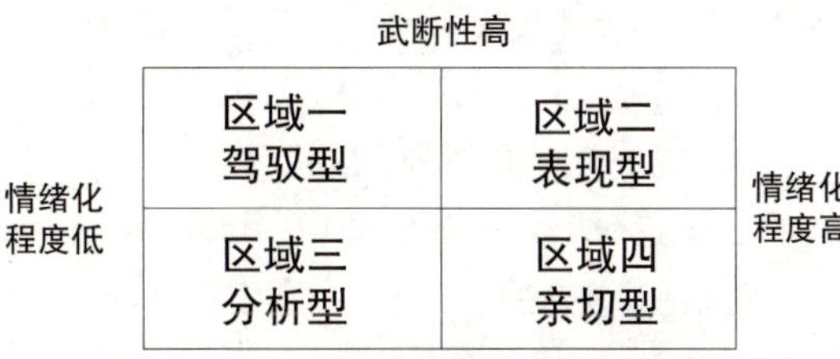

图7-1 罗杰·道森人际风格分析系统示意图

区域一代表理性和主观的人际风格，属于驾驭型性格。这种性格的典型特征是理性、就事论事，在事情上有主观意识，不苟言笑，讲话斩钉截铁，不需要向别人做任何解释，对应的PDP动物是老虎。

区域二代表感性和主观的人际风格，属于表现型性格。这种性格的典型特征是感性又主观，富有表现欲，希望产生影响力，对应的PDP动物是孔雀。

区域三代表理性和客观的人际风格，属于分析型性格。这种性格的典型特征是不苟言笑，做事比较严肃，喜欢就事论事；做任何事都会给出理由，尊重别人的发言权，对应的PDP动物是猫头鹰。

区域四代表感性和客观的人际风格，属于亲切型性格。这种性格的典型特征是在情感上很客观，不需要影响他人，能够迎和和配合，对应的PDP动物是考拉。

（五）导致与客户沟通困难的因素

1. 信息问题

自己与客户所掌握的信息存在不对称的问题，自己没有掌握或没有充分掌握客户信息，或所了解的客户信息存在偏差或错误，造成沟通问题。

2. 认知偏见问题

自身有先入为主的观点，对客户存在偏见，不能积极倾听客户意见，进而造成判断失误；或只按自己的思路思考，忽略客户的需求，致使沟通受阻，影响沟通效果。

3. 语言表达问题

自身的语言表达存在问题而造成的与客户沟通的障碍主要有以下情况：咬字不准、吐字无力或存在含糊的语音问题，导致客户听不清、听不懂；表达重点不明，逻辑混乱，条理不清，强调不足等，导致客户无法准确理解信息。

4. 情绪、心理问题

自身在与客户的沟通中出现情绪问题而影响沟通效果或导致沟通中断，造成不利影响。常见的沟通情绪问题有过度紧张、自卑、焦虑、恐惧、失望、愤怒等。

5. 跨文化交际问题

自身与客户存在语言和文化背景的差异，导致在沟通中不能准确理解对方，甚至造成误解，产生沟通问题。

（六）与客户沟通的技巧

1. 沟通前的准备

沟通前的准备工作包括：预设沟通过程中可能出现的问题，并预想处理方法；准备好沟通的材料内容；准备好沟通心情，使自己处于良好、稳定的情绪；充分了解客户需求、背景及喜好；选择适宜的沟通场景及沟通工具；着装得体，整洁大方。

此外还要了解不同风格客户的应对策略。跟驾驭型客户打交道时，要注重高效，适合直接切入主题；跟表现型客户打交道时，要先建立交情，以情动人；跟分析型客户打交道时，注意保持理智，以理服人；跟亲切型客户打交道，一定要跟他建立人际关系，营造良好的沟通气氛。

2. 沟通过程中的策略

（1）紧扣目标

沟通必须有清晰而明确的目标。沟通中应紧扣本次沟通的目标，力求达成一致。

（2）互相尊重

沟通过程中要注意时刻尊重对方，绝不口出恶言；若对方不尊重你，你也要通过适当的方式求得对方的尊重，否则很难继续沟通。

（3）了解客户

在交谈中要通过适当地提问了解客户的目的、内心想法、需求与期望。当客户期望水平过高时，我们应通过沟通使客户的期望水平降低，或者从其他方面来补偿客户，进而获取客户的信任。对于期望水平不是很高的客户，提出的条件可以适当地超越其期望水平，以提高客户满意度。

（4）学会倾听

不要打断客户谈话，要表现出对谈话的兴趣，及时肯定对方，鼓励对方表达，并带着同理心去听；要特别注意倾听对方的意见及反馈并换位思考。应善于发现客户的言外之意：不仅要听到客户说出的话；还要发现客户想说，但没有说出的话，特别是客户想说但没有说出、希望你说出的话。

（5）阐述观点

阐述观点时要确保语言准确、逻辑清晰、层次分明、表达清楚，突出重点和要点；提问要准确且谨慎；语气恰当，音量适中；必须保持礼貌，注意沟通礼仪；保持微笑，眼神坚定，肢体语言得体。

（6）适当赞美

在与客户沟通的过程中，要注意察言观色，从客户的行为言语中捕捉闪光点，并对其闪光点进行真诚、适当的赞美，以赢得客户的好感，拉近与客户的距离，建立双方的信任。

（7）处理问题

建议按照“分解问题—分析问题—探索决策—权衡决策”的步骤处理问题。处理问题时要保证情绪处于稳定的状态，绝对不要在情绪冲动时贸然处理问题。

面对客户的抱怨或投诉，首先应保证有良好的服务态度，分析客户的抱怨或投诉类型（分清合理抱怨与无效抱怨），对不同抱怨或投诉类型采用不同的处理方式，再按照“安抚—感谢—表达改进意愿—适当拖延化解抱怨”的基本流程处理。

3. 沟通后的及时复盘

沟通后应进行及时复盘总结，包括回顾沟通的目标、评估沟通结果、分析沟通问题出现的原因、总结经验等，通过复盘提升自己与客户沟通的能力。

二、商务谈判

（一）商务谈判的含义

商务谈判是指商务活动中各方为了各自的需求及利益，基于彼此之间的经济关系，在平等的条件下说服对方接受其要求，达成合作的行为及过程。

（二）商务谈判的原则

合作原则，谈判各方在换位思考的基础上，互相配合、进行谈判，力争达成双赢或多赢的谈判结果。

双赢或多赢原则，谈判各方力求同时满足己方和其他各方的谈判目标，在互惠互利中寻求兼顾各方利益的做法和策略。

优雅原则，在谈判中把谈判对手的态度和所讨论的问题区分开来，坚持礼貌原则、使用谈判礼仪，不造成谈判冲突。

公平原则，双赢或多赢局面的出现依赖公平原则的贯彻。目前谈判中最大的公平在于机会的公平，因此在谈判中要注意提升谈判对手的公平感，给予对方公平的机会，以促成合作。

客观性原则，要求谈判各方尊重客观事实，服从客观真理和客观标准，而不要仅凭自己的意志、感情主观行事。

合法性原则，商务谈判及其合同的签订必须遵守各方所在国家法律和政策，这是谈判的底线。

（三）影响商务谈判的因素

利益因素，商务谈判的过程即争取己方利益最大化，避开各方利益冲突，以双赢或多赢为最高目标的过程，因此各方的利益是影响商务谈判的最本质因素。

时间因素，商务谈判的时间对谈判各方心态和谈判结果都有重要影响。当谈判时间充裕时，各方的心态平和，会尝试一切可能的办法去达到自己的目的。但当时间临近或超过时，谈判各方容易变得急躁，在急于完成任务的心理驱动下，可能会做出让步和妥协。

信息因素，对信息的理解和反应、信息的收集渠道和对方布置的信息陷阱，会影响谈判者的判断和决策，需要给予充分重视。

心理因素，利用复杂的心理因素，因势利导，是促成谈判成功的关键。谈判心理具有内隐性、相对稳定性和个体差异性等特点。谈判者的心理受挫时，极易产生敌意，甚至导致谈判破裂。

（四）商务谈判的程序

1. 试探与导入阶段

这是谈判各方为形成良好的第一印象，营造良好的谈判气氛，在正式进入实质性谈判之前，见面、介绍以及就谈判内容以外的话题进行交谈以进行谈判导入的阶段。

2. 明示阶段

这是各方提出并明示谈判或交易条件，明确己方需求与对方需要，提出报价或报价原则的阶段。

3. 磋商阶段

这是根据前一阶段明示的条件，谈判各方就相互存异或有疑问处进行协商，进一步明确各自的利益、立场和观点的阶段。

4. 交锋阶段

这是当谈判出现矛盾或对立状态时，谈判各方互相交锋、彼此争论、紧张交涉、讨价还价，以逐渐确定妥协范围的阶段。

5. 妥协阶段

这是各方为实现利益最大化，进行让步决策，达成谈判结果的阶段。

6. 协议阶段

这是谈判各方确定合同文本、签署人，各自在协议书上签字，宣告谈判结束的阶段。

（五）商务谈判的策略

1. 商务谈判前的准备策略

（1）收集信息

谈判前要广泛收集谈判各方的信息，既要调研其目前的经营情况，又要了解其历史沿革，摸清谈判各方的意图及打算，以制订己方谈判计划。

（2）制订谈判计划

在充分了解谈判背景的基础之上，应用SWOT（优势、劣势、机会、威胁）方法分析本次谈判，确定己方底线，明确谈判目标，制定谈判战略、战术，预估可能出现的问题并预想解决方法。

2. 商务谈判过程中的策略

（1）商务谈判的开局策略

协商式开局策略。谈判各方实力接近，且首次接触时，建议采取协商式开局策略：尽量让谈判各方互生好感，以商量、肯定的语言进行陈述，使谈判在友好、愉快的气氛中展开。

坦诚式开局策略。谈判各方有过多次合作且互相熟悉时，建议采取坦诚式开局策略：以各方过往的友好关系为基础，直接以开诚布公的方式向其他各方陈述自己的观点或意愿，快速打开谈判局面。

进攻式开局策略。谈判各方实力悬殊且某方有气势压人倾向时，建议采取进攻式开局策略：立即制止对方的进攻，通过语言或行为来表达己方的强硬姿态，使局势扭转，变被动为主动，借以制造心理优势，使谈判优势向己方倾斜。

（2）对不同性格人士的商务谈判策略

著名谈判专家罗杰·道森曾指出，优势谈判就是要把各种人格的优点融合在一起，武断性跟情绪化都要适中地表现，以求得双赢或多赢。

（3）商务谈判的幽默拒绝法策略

在对方提出不合理要求时，谈判者要设法用轻松诙谐的话语表达拒绝之意，或讲述一个精彩的故事让对方听出弦外之音，这样既避免了对方的难堪，又消解了对方被拒绝的不快。

（4）商务谈判的说服策略

合理提问。提前准备问题，保持提问的连续性；诚恳提问，不抢先提问，不强行要求对方回答；提问句式简短，语速适中，态度中肯；提问后要保持沉默，等待对方回答。

合理回答。不要急于回答对方的问题，回答时将语速放慢；以沉默代答、模糊回答或拖延回答不能回答的问题，或用打岔的方式转移话题；对某些问题以问代答，反客为主。

取得对方的信任。信任是沟通的基础，对方只有信任你，才会理解你的动机，站在你的角度考虑问题。

站在对方角度考虑问题。从积极的、主动的角度去启发对方、鼓励对方，从对方角度出发考虑问题，使对方对己方充分信任，愿意接受己方的意见，实现双赢。

创造良好的氛围。说服用语要推敲，对事不对人，避免产生愤怒、怨恨、生气或恼怒的情绪。

注意商务谈判的礼仪，详见本项目专题一。

（5）合理利用商务谈判休局

利用休局阶段，总结之前谈判的成果，找出有利于己方的谈判条件；讨论、分析对方开出的条件和可能的讨价还价空间、收局阶段的策略，如有必要，对原本设定的目标进行修改。

（6）做好商务谈判的冲刺

在最后阶段尽量争取对己方有利的交易条件，力求达成最初的谈判目标；谈判结果应该着眼于保持良好的长期合作关系；如果这一阶段各方因各种原因没有达成协议，也要把握底线，埋下契机，留出再合作的空间。明确最终谈判结果，出示会议记录和合同范本，请谈判各方确认，并确定正式签订合同的时间，避免节外生枝。对谈判各方表示感谢，进行符合商业礼仪规范的道别。

3. 商务谈判后的复盘策略

谈判后及时总结复盘，以吸取经验教训，提升商务谈判能力。复盘内容应包括：谈判过程回顾、谈判策略梳理、谈判经验总结、谈判问题分析、改进或补救措施制定等。

总之，商务谈判要“以追求具体、明智的结果，实现双赢或多赢”为谈判目标；“以将人与问题分开”的原则对待谈判关系；“以对人温和，对事坚持”为谈判态度，“以创造其他可能”为谈判特点，“以找到最佳的解决方案”为谈判要求，明确谈判弱点并尽量避免。

沟通实践

请通过各种渠道搜集商务谈判案例。简单描述一下其中的一个案例，并将此次商务谈判的前期准备、谈判策略、过程博弈、谈判结果以及经验教训汇总，形成一份正式的报告文件。

专题三　财经文书写作

任务与目标

企业要研发新产品或推动产品迭代升级，就需要调查市场需求和未来发展趋势，确保企业具有广阔的发展前景和利润空间。

如果你打算创业，或者参加一场创业设计大赛，在写作材料方面，你需要做哪些工作呢？

通过本专题的学习，我们要：

（1）了解市场调查报告的含义、特点和基本写法；

（2）了解营销策划方案的含义，掌握策划方案的基本写法；

（3）了解经济合同的含义和特点，掌握经济合同的基本写法。

一、市场调查报告的写作

（一）市场调查报告的含义

市场调查报告是以市场为对象，以科学的方法对市场的供求关系、购销状况、消费情况以及经济现象等进行深入细致的调查研究，对所得信息经过分析、研究和处理后写成的报告性文书。

调查报告具有“调查”和“报告”的双重性质，“调查”是“报告”的基础和依据，“报告”是对调查情况的具体体现。

（二）市场调查报告的种类

从不同的角度，市场调查报告可以分为不同的种类。

1. 按市场调查的内容分类

从内容来看，市场调查报告可分为商品生产情况调查报告、商品供应情况调查报告、市场购买力情况调查报告等。

2. 按市场调查的时间分类

从时间来看，市场调查报告有产品上市前调查报告、产品上市后调查报告。上市前的调查是一种预测性调查，它是为预测市场在未来的变化与趋势而做的调查。上市后的调查是对产品上市销售和售后服务的现实情况进行的调查。

3. 按市场调查的范围分类

从范围来看，市场调查报告可分为综合性市场调查报告和专题性市场调查报告。综合性市场调查是就某一问题进行的全方位、多层次的市场调查，覆盖面较大，反映的内容较多。专题性市场调查是针对某一问题进行的针对性调查，只涉及某一专项工作或任务。

（三）市场调查报告的特点

1. 针对性

市场调查报告一般是针对市场经营中某一方面的问题，就生产、供应、销售、售后服务中的某些环节进行调查，为经济活动决策提供重要依据。

2. 真实性

市场调查报告要坚持真实性原则，调查报告中的观点必须是根据事实材料进行客观分析后得出的结论。

3. 时效性

市场调查报告只有及时、迅速和准确地发现和反映市场的新情况、新问题，才能让经营决策者及时掌握市场动态，不失时机地作出相应的决策。

（四）市场调查报告的写法

市场调查报告一般由标题和正文（前言、主体、结尾）两部分构成。

1. 标题

市场调查报告的标题没有固定的格式，一般由开展调查的单位名称、内容、范围和文种构成，如《××关于××产品销售情况的调查报告》；也可以用新闻报道式标题，直接指出调查对象的状况或直接表述调查的结果，如《共享经济的无序发展有待规范》《共享经济：有规范才可走得更远》。

2. 正文

（1）前言。前言部分简要介绍市场调查的目的、意义，介绍市场调查工作的基本情况，包括时间、地点、对象、内容，以及采用的调查方法等；也可以先陈述调查之后得出的结论，或者直接提出问题，或者概述调查报告的内容主旨等。

（2）主体。主体部分是市场调查报告的核心内容，要客观阐述市场调查所获得的材料、数据，用它们来说明有关问题，得出相关结论；对有关问题或现象进行深入分析，提出意见等。市场调查报告的主体部分内容较多，一般遵循以下逻辑结构。

① 概述基本情况。根据客观实际陈述现状，如产品产销情况、市场覆盖面，以及存在的问题，然后介绍通过调查获得的数据、图表等，说明被调查对象的相关信息。

② 科学分析情况。根据调查获得的资料进行分析、研判，发现问题，分析原因，得出结论，找出规律性的东西，为生产、购销、新产品开发提供可靠依据。

③ 得出结论或建议。根据调查目的，对调查整理的资料进行分析后得出结论，有针对性地提出对策或建议，同时还可对未来的经济活动作出预测。

（3）结尾。结尾不是必需的部分。结尾可以概括全文观点，写出总结式的结论，也可以指出调查中存在的问题、发现的发展趋势，或说明有待进一步深入调查的问题，或预测未来可能遇到的风险等。

市场调查报告的写作要求

（1）明确目标，助力企业发展。选择事关企业大局，有助于研发新产品、开拓新市场，且与企业目前人力、物力、财力和技术力量相匹配的商业目的作为调查目标，突出调查的重要性和必要性。

（2）科学调查，充分占有材料。没有调查就没有发言权。要综合运用多种调查方法，如定性分析法、定量分析法等，深入调查，充分占有材料。确保信息源可靠、数据资料充分，才能避免在分析研判时发生主观性和误导性错误。

扫码看资料

市场调查方法

（3）厘清思路，得出可靠结论。确定调查目标，充分掌握调查资料之后，要在大量数据资料的基础上，运用科学的分析方法，对数据和信息进行全面分析、研判，进行正确的推断、预测，实事求是地得出结论。在语言表达上，逻辑清晰，分析严谨，少用“基本上”“估计”“某些方面”等模糊性表述。

（4）提出有可行性、前瞻性的建议。市场调查的目的是指导现实工作，因此调查报告的建议要切实可行、有针对性，同时着眼于未来，预测出市场未来的发展趋势，提出具有前瞻性的应对预案。

二、营销策划方案的写作

（一）营销策划方案的含义

营销策划是针对企业的生产或销售进行的整体性和未来性的策略规划，包括从构想、分析、归纳、判断，一直到拟定策略、实施方案、评估效果的全过程。营销策划方案就是把营销策划的过程和结果用文字完整地表述出来的文本，是企业开展市场营销活动的蓝本。

（二）营销策划的种类

营销策划可以从不同角度进行分类。

1. 根据涉及的时间长短分类

根据涉及的时间长短不同，营销策划一般可以分为营销战略策划和营销战术策划两大类。营销战略策划是对未来较长时期内企业发展方向、目标、任务、业务重点和发展阶段等问题进行的规划，它与企业的稳健经营和持续发展具有密切的关系。营销战术策划是指在企业营销战略的指导下，对营销调研、产品研发、商品定价、营销渠道、市场促销等营销职能或活动进行的中短期规划，它是企业增强产品或服务竞争力，改善企业营销效果的有效手段。

2. 根据涉及的范围分类

根据涉及的范围不同，营销策划可分为全程营销策划和单项营销职能策划两大类。全程营销策划是就企业某一次营销活动进行的全方位、系统性策划，它涵盖了营销调研、市场细分、目标市场选择、市场定位、营销组合策略设计和营销管理的各个方面。企业在推出一种新产品、新业务前，通常需要进行全程营销策划。单项营销职能策划是企业在营销活动过程中，仅就某一方面的营销职能进行的某种设计与安排，其目的主要是改善该项职能的营销效果。

（三）营销策划方案的特点

营销策划方案是对未来市场的预期、规划，主要具有以下特点。

1. 超前性

营销策划方案的超前性，又称预见性。营销策划应当在营销预测的基础上进行，必须对企业未来一段时期的发展方向、根本任务、基本目标、战略步骤及其每一个阶段的问题作出合理的、科学的安排和规划。

2. 主观性

任何策划方案都是主观见之于客观的东西。因此，由于不同策划人员认识客观世界的能力和水平不同，同一个策划目标出现不同的策划结果，甚至策划效果出现巨大差异的现象也就不足为奇。

3. 创造性

策划过程是一项创造性活动，是一种思维的革新，策划方案是人们思维智慧的结晶。具有创意的策划，才是真正的策划。营销策划的创造性主要体现在敏锐的洞察力、资源不断的创造力、丰富的想象力等方面。

4. 系统性

营销策划方案的系统性是由市场营销活动的系统性决定的。它要求策划人员在策划过程中必须注意各种营销职能的衔接与协调，而且必须注意对企业各种营销资源、力量进行整合，才能收到预期的策划效果。

5. 动态性

营销策划方案不是一成不变的，而是具有动态性的。营销策划的过程是企业的可控因素与环境的不可控因素之间的动态平衡过程。营销策划贯穿整个营销管理过程，营销策划方案必须具有弹性，做到因地制宜、因时制宜。

（四）营销策划方案的写法

一份完整的营销策划方案至少包括3个方面的内容，即基本问题、项目市场优劣势、解决问题的方案。从文本的呈现形式来看，其一般包括标题、策划说明、市场状况分析、策划方案等部分。

1. 标题

营销策划方案的标题通常由策划的对象名称和文种构成，如《××（产品）营销策划方案》。

2. 策划说明

这部分就是策划方案的前言部分，用来阐述策划的缘起、背景、现状和问题、挑战与机会、关键性创意等。

3. 市场状况分析

市场状况分析可以分为宏观环境分析和微观环境分析两部分。

（1）宏观环境分析。这部分可以包括以下内容。①政治法律环境。政治环境主要包括政治制度与体制、政府的态度等；法律环境主要包括政府制定的法律法规。②经济环境。构成经济环境的关键战略要素包括国内生产总值、利率水平、财政货币政策、通货膨胀、失业率水平、居民可支配收入水平、汇率、市场机制、市场需求等。③社会文化环境。其中影响最大的是人口环境和文化背景。人口环境主要包括人口规模、年龄结构、人口分布以及收入分布等因素；文化背景主要包括社会阶层、风俗习惯、宗教信仰、价值观念、消费习惯、审美观念等因素。④技术环境。技术环境不仅包括发明，还包括与企业市场有关的新技术、新工艺、新材料的出现和发展趋势以及应用背景。

（2）微观环境分析。这部分可以包括以下内容。①企业自身分析多采用SWOT分析，即逐一分析优势、劣势、机会、威胁。②供应者分析，包括对供应商的竞争力、供应商行业的市场状况以及他们所提供物品的重要性等的分析。③营销中介分析，包括对各营销渠道的销量和销售额的比较分析等。④竞争对手分析，包括潜在的行业新进入者和替代品等的各种竞争品牌的市场占有量比较分析、促销活动比较分析、公关活动比较分析等。⑤消费者分析，包括对消费者年龄、性别、籍贯、职业、学历、收入、家庭结构等的分析。

以上内容可以作为营销策划方案拟定的依据，撰写时，可以有所取舍，重点是对市场特征、行业现状、竞争对手、消费趋势、销售状况等进行分析。

4. 策划方案

这部分是营销策划方案的核心内容，是企业未来的经营策略。策划方案的内容一般包括产品开发、销售目标、定价策略、营销渠道、推广计划、效果测评等。推广计划又包含广告策略、公关策略、促销策略、媒介策略等。撰写营销策划方案时，可以根据营销目标或要解决的问题有所侧重。

三、经济合同的写作

（一）经济合同的含义

经济合同是合同的一种。《民法典》规定："合同是民事主体之间设立、变更、终止民事法律关系的协议。"经济合同是作为平等民事主体的自然人、法人、其他组织相互之间，为实现一定的经济目的，确定、变更或终止相互权利和义务关系而订立的协议。合同一经成立便具有法律效力，对订立合同的双方或多方都有约束力，必须严格遵守，认真执行。

经济合同采用书面形式订立，主要以条款形式约定相关内容，一般包括：当事人名称（姓名）和地址（住所）；标的（指货物、劳务服务、工程项目等）；数量和质量；价款或酬金；履行期限、地点和方式；违约责任；解决争议的方式；根据法律规定或按经济合同性质必须设立的其他条款以及当事人一方要求必须规定的条款。

（二）经济合同的种类

经济合同可以从不同角度进行分类。

1. 根据合同内容分类

经济合同涉及经济活动的方方面面，根据内容划分，其种类很多，主要有购销合同（涉及供应、采购、预购、协作、调剂等方面)、建设工程承包合同、加工承揽合同、货物运输合同、借款合同、财产租赁合同、仓储保管合同、供用电合同、科技合作合同、技术转让合同、联合经营合同、财产保险合同等。

2. 根据合同格式分类

根据经济合同的格式，合同一般有3种类型。

① 条款格式合同。这类合同是用文字叙述的方式，将各方当事人协商一致的内容按逻辑关系逐条记载下来的合同。

② 固定格式合同。这类合同是提前把合同中必不可少的相关内容分项设计、印制成一种固定格式的合同。签订合同时，各方当事人把达成的协议逐项填写到相应空白处即可。

③ 文表结合式合同。这类合同用表格形式固定共性内容，而各方当事人协商意见以条款形式记载。

(三)经济合同的特点

1. 合法性

签订合同是双方或多方的法律行为。立约人必须是具有法律行为能力的主体，代表经济组织或团体签订合同的签约双方必须具有法人资格。经济合同的撰写要严格遵守《民法典》的各项规定，合同的内容、形式、主体等要符合国家的法律、法规和政策。

2. 对等性

经济合同的当事人在法律上是平等的，双方的权利和义务是对等的。当事人意思表示须达成协议，各方当事人必须平等相待，协商一致，本着自愿、公平、诚信的原则，订立互利互惠的合同。

3. 规范性

在格式上，国家有关部门制定了各类经济合同统一的规范化文本样式，并在全国推广实施。因此，经济合同在格式上具有规范性。

(四)经济合同的写法

经济合同由首部、主部和尾部3部分构成。

1. 首部

(1)标题。合同的标题居中书写在合同首页上方位置，一般由合同性质或内容加文种构成，如《20××年教学设备采购合同》《××大学学生宿舍装修合同》。标题下方可注明合同的编号。

(2)合同当事人。写明合同当事人的名称(姓名)和地址(住所)。要准确写出签约单位全称或个人姓名，不使用简称。为了行文简便，可在当事人名称前标明“甲方”“乙方”等，如果有公证方或保证单位，可称“丙方”。联系人、联系方式可写在首部，也可以写在尾部。如果是供销合同，可以写明“卖方”和“买方”。

2. 主部

合同的主部包括引言、主要条款和其他条款。

(1)引言。引言是合同主部的开头部分，主要写明签订合同的依据、目的，是否经过平等、友好协商等。

（2）主要条款。主要条款包括商定的标的、数量和质量、价款或酬金、履行期限、履行地点、履行方式，以及违约责任等内容。

① 标的。标的是经济合同当事人权利、义务所共同指向的对象，是合同的基本条款。标的可以是物、货币、劳务、智力成果等。签订合同的当事人对标的要协商一致，写得具体、明确。

② 数量和质量。数量是标的的具体计量，如借款金额、工作量等，要写明标的的计量单位。质量是对标的质的要求，如商品、工程、服务的优劣，有些还应明确标的质量的技术标准、等级、检测依据等。

③ 价款或酬金。这是合同标的的价金，是合同双方当事人根据国家法律、法规、政策和有关规定，对标的议定的价格；是合同一方以货币方式取得对方商品或接受对方服务所应支付的货币及其数量。要明确标的的单价、总价、货币种类及计算标准、付款方式和程序、结算方式。总价要用大写汉字数字标明。

④ 履行期限、地点和方式。履行期限就是合同的有效期限，是合同法律效力的时限和责任界限。日期用公元纪年，年、月、日应书写齐全。履行地点是指当事人履行合同义务、完成标的义务的地点。履行方式是当事人履约的具体办法。

⑤ 违约责任。违约责任是合同当事人不能履约或不能完全履约时，所需承担的经济和法律后果。它包括违约金、赔偿金和其他承担责任的法律形式等。违约责任是履行合同的重要保证，也是出现矛盾分歧时解决合同纠纷的可靠依据。

（3）其他条款。除了上述主要条款（必备条款）以外，合同当事人可以协商确定其他条款。

① 不可抗力条款。这项条款主要是明确在签约后如果发生了当事人不能预见或人力不可抗拒的事故，如地震、洪水、台风等，导致履行合同困难，当事人可根据这一条款免于承担不履约或延期履约的责任。

② 解决争议的方式。此条款用于约定在履行合同发生争议时解决问题的方式和程序，要明确是通过仲裁解决，还是通过诉讼解决。此条款主要包括约定仲裁机构、仲裁事项或管辖法院等内容。

3. 尾部

经济合同的尾部包括合同的结尾和落款。

微课

时间和数字使用规范

（1）结尾。结尾处要写明合同的有效期和文本保存等信息。有效期是指合同执行的起止日期，是合同当事人要求必须具备的条款，只需注明合同的生效日期和终止日期。文本保存是指合同文本的份数和保管方式。

（2）落款。落款是经济合同特定的内容和格式。合同的最后要依次写出当事人的名称、通信地址、法人代表、开户行、银行卡号、联系方式、签约日期、签约地点等，签订合同时，当事人进行签名或加盖印章。

有些合同有特殊要求，或有附件，可在尾部注明。对合同的附件内容，可注明“本合同的附件和补充协议均为本合同不可分割的组成部分，与本合同具有同等的法律效力”。

经济合同的写作要求

（1）符合国家的法律法规。在经济合同订立前，必须学习、了解国家的相关法律法规、政策等。合同的内容、条款要严格遵守法规、政策。经济合同要有利于国家和集体的利益，维护正常的经济秩序。

（2）平等互利，协商一致。平等互利是指合同当事人平等享有经济权利和承担经济义务。协商一致是指合同的当事人在平等互利的基础之上，为了特定的经济目的，共同协商，达成一致，任何一方不得把自己的意志强加给对方。

扫码看资料

经济合同模板

（3）条款明确，书写规范。约定事宜写入经济合同时，条款要明确具体，措辞力求准确，无歧义。行文简洁，字迹工整，不得涂改。

写作实践

1. 假设你要参加一场创业创意大赛，创办一家咨询服务公司，拟定一个商业运营项目。请就此项目撰写一份市场调查报告，并对产品的市场营销进行策划，形成一份营销策划方案。

2. 某校拟向某公司采购一批口罩、消毒液、一次性手套等防疫物资，请起草一份购销合同。

项目八
培养领导力

专题一　演讲礼仪

任务与目标

领导者代表着整个团队，演讲是领导需要具备的基本素质。

通过本专题的学习，我们要：

（1）明确演讲的特点和类型；

（2）掌握演讲的要求；

（3）掌握演讲的礼仪细节。

演讲又叫讲演或演说，是在公众场所以有声语言为主要手段，以体态语言为辅助手段，针对某个具体问题，鲜明、完整地发表自己的见解和主张，阐明事理或抒发情感，进行宣传鼓动的一种语言交际活动。

演讲礼仪是能够使演讲这种交流方式达到最佳效果的形象设计、行为方式和沟通技巧。

一、演讲的特点和类型

微课

上台演讲时的基本礼仪

（一）演讲的特点

1. 现实性

演讲属于现实活动范畴，不属于艺术活动范畴，它是演讲者通过对社会现实的判断和评价，直接向广大听众公开陈述自己主张和看法的现实活动。

2. 艺术性

演讲的艺术性在于它具有整体感和协调感，即演讲中的各种因素（语言、声音、表演、形象、时间、环境）形成一种相互依存、相互协调的美感。同时，演讲不单纯是现实活动，它还具备戏剧、曲艺、舞蹈、雕塑等艺术门类的某些特点，并将其与自身融为一体，形成具有独立特征的活动。

3. 工具性

演讲是一门科学，更是一种工具，是人们交流思想的工具。任何思想、任何学识、任何发明和创造，都可以借助演讲这种工具来传播。可以说，演讲是最经济、最实用、最方便的传播工具。

（二）演讲的类型

工作中所进行的演讲通常存在许多具体的类型。依其功能而论，演讲可以分为欢迎性演讲、祝贺性演讲、总结性演讲、答谢性演讲等。在礼仪规范上，它们各自有一些具体要求。

1. 欢迎性演讲

欢迎性演讲，又称致欢迎词。在职场中，每逢来宾光临或者新同事加入，通常都应当适时地致欢迎词。致欢迎词时，重点应放在“欢迎”二字上，并且应当始终热情洋溢。

2. 祝贺性演讲

祝贺性演讲，又叫致祝贺词。每逢交往对象有喜庆之事，或者出席庆祝会、纪念会、嘉奖会以及开业、剪彩、庆典等活动之时，往往免不了要向对方致祝贺词。祝贺词亦称贺词，要求恰如其分地表达祝贺之意，既要力求具有新意，可以为受贺者锦上添花，又要避免例行公事式的官样文章或者词不达意。

3. 总结性演讲

总结性演讲，又叫致总结词。各类会议或各种活动的结尾都少不了由负责人致总结词。它的具体内容既可以是对会议、活动的总结，也可以是对个人或本单位工作的总结。

所谓总结，一般指的是将某一阶段内的工作、学习以及思想上的各种情况进行分析研究，归纳出经验与教训，并提出具有指导作用的结论。

4. 答谢性演讲

答谢性演讲，也称致答谢词。在公务交往中许多获得荣誉、嘉奖的场合，或者在取得成功、受到祝贺之际，通常都应当适时地致答谢词，并对自己做出适当的评价。答谢与评价缺一不可，否则就会令一篇答谢词失之完整。

二、演讲的要求

同样都是运用语言进行交流，演讲却与交谈大为不同。交谈的主要特征是：谈话双方需要双向沟通、双向交流；而演讲的主要特征则是演讲者在演讲时完全可以单向思维单向表达，而不受外界的任何影响。但是，这并不意味着演讲可以不讲规则、随意表述。实际生活中，健谈者多矣，成功的演说家却并不常见。

从礼仪规范来讲，演讲的基本要求是精心准备、合理的语言表达。

（一）精心准备

尽管许多演讲都是即席而为，但要令其“出彩”，就不能不在平时做一些必要的准备。“台上一分钟，台下十年功。”唯有平日认真积累，才有演讲的成功。准备演讲，具体要做到积累素材、撰写提纲、进行演练等。

（二）合理的语言表达

一场合乎礼仪规范的演讲离不开准确合适的语言表达，因此在演讲中要注意以下几点。

1. 语调贴切、自然

语调是口语表达的重要手段，它能很好地辅助语言表情达意。同样一句话，由于语调轻重、高低、长短、急缓等的不同变化，在不同的语境里可以表达出种种不同的思想感情。语调的选择和运用，必须切合思想内容，符合语言环境，考虑现场效果。语调贴切、自然正是演讲者思想感情在语言上的自然流露。所以，演讲者恰当地运用语调，事先必须准确地掌握演讲内容和要表达的感情。

2. 真实准确

真实准确，要求演讲者以实事求是的态度进行演讲，真实地反映客观情况，准确地遣词造句以确切地表达思想内容。为此，我们应该做到以下几点。

第一，引语要准确无误。我们在演讲稿中所引用的政策、法令、名言、警句等都必须准确无误。

第二，事实要真实可靠。我们在演讲稿中使用的事实必须是客观存在的事实。

第三，用词要正确恰当。在准备演讲稿时，一定要注意精心选择最恰当的词语来正确地反映客观事物，贴切地表情达意。

3. 发音正确、清楚、优美

演讲以声音为主要物质手段，对发音的要求很高：既要准确地表达出丰富的思想感情，又要动听。为此，演讲者应加强发音练习，努力使自己的发音达到最正确的状态。

首先需分清词界。词分为单音节词和多音节词。单音节词不会割裂分读，而多音节词则有可能割裂引起歧义，演讲者需多注意这类细节。

其次要字正腔圆。字正，是演讲语言的基本要求，即要读准字音，声音洪亮有力。腔圆，即声音圆润清明，富有音乐美。

最后要讲究音韵配搭。好的演讲，平仄有条有理，抑扬顿挫，显得动听。

4. 内容简明扼要

演讲的一大特色就是实用性较强。有些演讲内容还要求所属部门去贯彻执行，这类演讲更要求内容言简意赅，这样才便于贯彻落实。

有人说，书面语最后被理解，而口语则需立刻被听懂。与书面语相比，口语首先需做到不宜使用过长的句子，其次要平实易懂。要使用常用词语和一些较流行的口头词语，使语言富于生气和活力。

三、演讲的礼仪细节

（一）演讲前的礼仪

通常情况下，当主持人介绍演讲者时，演讲者应自然起立，向主持人点头致意，并面向听众鼓掌或点头，以表感激之意，不可稳坐不动或仅仅欠一下身。正式登台演讲时，应步伐稳健、充满自信、精神饱满地走上讲台，恭敬、诚恳地向听众鞠躬。

除严肃的场合外，演讲者都应面带微笑，并环视全场，表示光顾和招呼，站稳后才可以开口讲话。说第一句话时要有亲切感，起调不要太高，音量要适中。整个演讲过程中都要有意识地调整自己的音量，并使语调有起伏，不可一成不变，面无表情。

（二）演讲中的礼仪

1. 演讲中的站姿要求

首先要站直，不可以抖腿、晃动。通常情况下，女士双脚可以呈“V”字形或“丁”字形站立，男士可以跨立，或是双脚并行站立。当然也可以采用一脚稍前，一脚稍后，重心主要压在后脚上，也就是介于立正和稍息之间的姿势。相比之下，这种站姿可以在两脚间调剂，减轻疲劳，长篇演讲者一般都采用这种站姿。

2. 演讲中手的摆放

第一种，双手自然下垂，放在身体两侧；第二种，两手合拢放在腹部；第三种，一手半握拳或手上拿书、翻页笔，一手垂下；第四种，两手轻放于讲桌边。另外，手势与全身以及语言、感情要协调。演讲者的手势从来不是单独出现的，它总是和声音、姿态、表情等密切配合的。演讲以讲为主，以演为辅，没有动作的演讲只能被称为讲话，但动作要和演讲者的体态相协调。当然，演讲者每做一个手势，都要力求简单精练、清楚明了、干净利索、优美。就性别而言，男性的手势一般刚劲有力，手心向外动作较多；而女性的手势主要是柔和细腻，手心内向动作较多。

3. 演讲时的眼神

演讲时眼神的运用非常重要，方法也很多，但不管如何，眼神要和有声语言、动作、表情相结合，要和台下的听众有交流。

（三）演讲后的礼仪

演讲结束时，应面带微笑说一声：“谢谢！”向听众鞠躬致意后，从容不迫地回到原座。下台时切不可过于匆忙，显出羞怯失意之神态，也不可做出得意、满不在乎的样子。坐下后，如大会主席和听众以掌声向演讲者表示感谢，演讲者应立即起立，面向听众点头敬礼，以示感谢。

礼仪实践

请准备3分钟的以“文明礼仪伴我行”为题的演讲稿并进行演讲。

专题二　领导与沟通

任务与目标

没有出色的领导力就没有高效的团队执行力。领导力的基础是沟通力，沟通力决定领导力。本专题将讲述如何把自己置于领导角色进行思考、沟通和决策。

通过本专题的学习，我们要：

（1）掌握如何进行公开竞职演讲，获得某一领导职位；

（2）了解新任职后如何进行就职演说，向公众陈述自己的施政方案；

（3）掌握在日常工作中与下属沟通的注意事项和技巧。

一、竞职与就职演讲

竞职与就职演讲两种演讲方式各自独立，又相互联系，既有共性特征，又各具个性特点。

（一）竞职与就职演讲概说

1. 竞职演讲

（1）竞职演讲的含义

竞职演讲是在一定的组织形式下，参与竞聘者为获得某一领导职位面向特定听众所发表的公开演讲。

（2）竞职演讲的特点

明确的目标性。竞职演讲的唯一目的是成功获得竞聘职位，因此竞聘者在演讲中必须首先明确自己的竞聘目标，亮出自己的竞聘条件，以求获得听众的支持，使自己竞聘成功。

内容的竞争性。竞聘者与其他竞聘候选人之间是一种竞争性、排他性关系，因此竞聘者要通过演讲使听众了解自己的竞职条件、施政目标、构想、方案等，重点内容是强调自己的核心竞争力，以供听众在候选人之间进行比较筛选。

主题的集中性。竞职演讲者演讲的唯一主题是向听众回答“我为什么是担任该职位的最佳人选”这个问题，因此竞聘者演讲中应调动一切手段，突出强调自己的竞职条件，以在众多候选人中脱颖而出。

表达的程序性。一般来说，竞职演讲有一定的程序要求：首先应明确自己的竞聘目标，随后介绍自己的基本情况，阐述自己的优势条件，提出自己的施政设想，最后表明决心和态度。

2. 就职演讲

（1）就职演讲的含义

就职演讲是指领导者就任新职后，首次公开发表的，旨在表明任职态度、宣布施政方案的演讲。

（2）就职演讲的特点

内容的特定性。就职演讲的内容相对固定，应包含以下几个方面：宣布就职，阐述就职缘由，表明任职态度，预告施政方案，表达自己的希望，致谢。

设想性与可操作性的统一。就职演讲是就职者对即将开展的工作进行的一种设想，但同时这些设想又会在未来得到检验，因此必须具有可操作性。

3. 竞职与就职演讲共性特征

（1）内容上围绕领导职责展开

竞职与就职演讲都应紧扣“领导职责”这一中心进行立意选材、谋篇布局，重点阐述将如何履行“领导职责”以获得听众的支持。但需注意，如前所述，两者的侧重点和角度略有不同。

（2）演讲主体具有个体性特点

竞职与就职演讲都必须以竞聘者、就职者个人名义发表。当事人自己设计并撰写演讲稿时，要突出自己与众不同的核心竞争力。因此竞职与就职演讲稿和演讲过程当具有鲜明的个体色彩，有较大的个体表现空间和自由度。

（3）演讲形式具有公开性

竞职与就职演讲都是通过演讲者公开发言以取得听众的支持，因此要注意演讲的公开性特征，考虑绝大多数听众的理解和接受程度。

（二）竞职与就职演讲的禁忌

1. 忌信口开河

竞职与就职演讲具有公开性和针对性，演讲的内容必须为“有效的承诺”，即演讲者的承诺须在日后的工作中得以验证。演讲前要进行翔实的调查研究，全面了解职位的职责之后再进行公开承诺，切忌信口开河。

2. 忌脱离实际的高谈阔论

演讲时，不要高估自己的能力，认为该职位非我莫属；在谈工作设想时，切忌空谈、高谈，华而不实，以免引起听众反感。演讲者要紧扣岗位职责，依托工作实际，提出施政方案以解决工作中的棘手问题，切忌高谈阔论。

3. 忌妄自菲薄

演讲者应公正客观地评价自己的实力，突出强调自己的优势，自信地公布自己的施政纲领，以个人的魅力征服听众。不要过分贬低自己，一味取悦听众，切忌妄自菲薄。

（三）竞职与就职演讲的策略

竞职与就职演讲除应使用一般演讲策略外（一般演讲策略详见项目五专题二），还应注意以下几个方面。

1. 主题、内容的选定既要符合岗位要求又要适当结合听众需求

演讲目标的实现得益于听众的认可和支持，因此主题应与听众的迫切需求相联系。确定主题之后，演讲题材、内容的选择和确定也要同时关注岗位职责、听众的意愿和需要。时间上，题材内容要与当前工作的中心和重点密切相关；空间上，题材内容要与听众群体普遍的活动范围和活动内容密切相关；利害关系上，题材内容要首选那些“有利于履行工作职责和达成工作目标”且与听众群体的利益密切相关的内容。

微课

竞职演讲的技巧

2. 注意演讲的目的性

竞职演讲者一上台就要鲜明地亮出自己所要竞聘的目标职位，合理选用材料和演讲手法使自己竞聘成功。就职演讲者重点要讲清自己上任后的施政措施，以实现让听众理解自己的施政方针，树立威信的目的。

3. 用真诚与听众沟通，以使命打动听众

进行竞职与就职演讲时，既不能不切实际地空谈高谈，大讲“官话”“空话”“套话”，也不能密集地向听众单向灌输信息、传达数据。演讲者要诚恳地表达自己对肩负职责的认识和态度，通过真实事例，向听众传递自己的工作内容和成果，以真诚赢得听众的信赖和支持。

4. 理趣相生，以睿智、幽默增强人格魅力

进行竞职与就职演讲时要适当运用幽默的语言创设一种轻松和谐的演讲氛围，让理趣相生，情义彰显，这在展示演讲者人格魅力的同时可以有效地缩短与听众的心理距离，获得听众的好感与支持。

二、与下属沟通

（一）与下属沟通的含义

与下属沟通又称下行沟通，指管理者作为信息发送者与下属进行信息交换的过程，是一种纵向沟通形式。

（二）与下属沟通的作用

与下属沟通是组织沟通的重要方面，是组织实施有效管理的重要手段，是组织高效运作的重要保障。计划的实施、控制，工作的授权，对下属的激励以及决策意见的征集等都有赖于与下属的沟通。

若不能与下属进行有效的沟通，会对组织的管理和运行产生不利影响，大大降低绩效、打击员工工作积极性，降低员工的工作幸福感，甚至会危及组织安全。

文化小贴士

刘备对徐庶的知遇之恩

（三）与下属沟通的主要障碍

1. 管理者的信息编码、传送与下属理解之间存在差距

管理者与下属在角色站位、能力、经验等诸多方面存在差异，因此沟通过程中容易出现编码、传送和理解上的问题，甚至产生误解，形成客观的沟通障碍。此外，下属对管理者民主参与式或支持式管理风格的期望与管理者命令式管理风格的实际存在差异，造成部分下属怠慢管理者，形成主观沟通障碍。

2. 管理者传送信息的水平不高、专业性知识不够

与下属沟通时，管理者存在表达能力欠佳、专业能力不够等问题，或管理者较长时间远离专业技术岗位而存在对技术性新问题理解上的困难，对技术性问题表述不准确，导致下属难以听懂其要义，从而造成理解偏差，形成沟通障碍。

3. 管理者信息沟通渠道选择不当

沟通必须借助一定的渠道。若选择不当的沟通渠道，势必造成沟通障碍。另外，如果沟通的中间环节过多，则信息在传递过程中容易丢失，也会造成沟通问题。

4. 与下属沟通的过程中没有进行有效反馈

管理者在与下属沟通的过程中没有进行有效的信息反馈，没有及时确认对方的沟通内容以及想要表达的情感，没有及时纠正双方对信息的理解偏差，进而造成沟通障碍。

5. 与下属沟通的过程存在噪声的干扰

管理者与下属的个性差异，或沟通环境中其他因素的影响而造成的沟通信息失真，会导致沟通效率降低。常见的噪声源有沟通双方价值观、伦理道德观的差异；沟通双方健康状况欠佳，情绪波动；交流环境噪声，信息传递媒介的物理性障碍等。此外，还有不同的文化背景差异、他人意见的影响等。

（四）与下属沟通的策略

1. 管理者要重视沟通

管理者要理解与下属建立有意义的沟通具有重大意义，认识到与下属有效沟通不仅是自身的重要职责，更是提升自身业务能力的重要途径。

2. 管理者要做好与下属沟通的准备

一是要明确沟通的目的。管理者要对本次沟通“解决什么问题，达到什么目的”做好充分的准备，做到心中有数。

二是要设身处地地从下属的角度进行沟通设计。在沟通之前要做好调查研究，通过日常观察、调查访谈等方式了解下属的能力、近期的状态以及急需解决的问题等。

三是要努力提升自身的语言表达能力。管理者要努力提升表达能力，确保沟通时语义准确、条理清晰、观点明确，注意配合使用恰当的肢体语言。

3. 管理者要选择适宜的沟通渠道，避免噪声干扰

对渠道的选择，除了要考虑沟通本身的内容之外，还要考虑信息的特性。面对面的交谈是信息传递速度最快、反馈最及时的方式。其后依次是电话、电子邮件、信件、公告等。进行保密要求高、容易产生误解的非常规信息沟通时，需要建立安全的信息传递系统，确保信息渠道畅通，避免噪声干扰。此外，还需适当地考虑重复传递信息以增加信息强度。

4. 积极倾听，适度反馈

管理者要积极倾听下属的意见，把与下属的沟通视为收集信息和发现组织问题的好机会。积极倾听，适度反馈并合理解释，可以有效激发下属发表意见的勇气和热情，把问题讨论引向深入；可以体现对下属的尊重与支持，获取下属信任；可以使下属更好地理解组织的决策方针和政策，帮助下属开拓视野，提升工作能力和工作水平。

5. 恰当地使用赞美技巧

赞美能够有效满足对方心理需求，缩短双方的距离，促进感情沟通。对下属进行恰当的赞美是管理者需要掌握的一项沟通技能，赞美时应采用如下技巧。

赞美要站在对方的角度，突出个性。赞美前要充分了解下属的学识、喜好等，才能使赞美个性化。

赞美要基于事实，出于真心。符合事实、充满诚意的赞美才能增进与下属的情感，否则只会让对方觉得莫名其妙、虚伪，甚至厌恶。

赞美要翔实具体，不要泛泛而谈。赞美下属时可以从交往的具体事例入手，依据事例而又不脱离实际，使赞美平实而饱满。注意赞美时不要含糊其词，否则极易招致对方的反感。

赞美要把握时机，及时有效。若能抓住下属做得好的一瞬间去表扬，用简短的语言对下属日常工作的点滴进行鼓励和赞美，便能够最大限度地体现你对下属的重视和尊重。

要善用间接赞美。借助第三者的话来赞美下属，既不会显得做作，又可避免不必要的尴尬，往往能获得更好的赞美效果。

6. 恰当地使用批评技巧

“良药苦口利于病，忠言逆耳利于行。”依据规则，对下属进行客观、有效的批评，能够帮助下属直面问题，及时改正错误，把工作举措落到实处。批评时应采用如下技巧。

启发式批评。批评的目的在于引导下属发现自己的错误及其原因，并及时改正，即批评的目的在于启发。管理者应晓之以理，动之以情，循循善诱，帮助下属发现并改正错误。

幽默式批评。使用幽默的语言，营造轻松愉快的氛围，既可以有效打破紧张、尴尬的局面，又更容易让下属发现问题所在并接受你的善意批评。

间接性批评。借用榜样进行间接性批评，提出要求，让下属感受到自己与榜样的差距，给予下属思考的余地。

先赞扬后批评。美国著名的演讲家戴尔·卡耐基说：“矫正对方错误的第一方法——批评前先赞美对方。”批评前先赞美，能化解下属的对立情绪，使其乐于接受批评，达到预想效果。

需要注意的是，批评时要尊重下属，批评到“点”上，整改到“面”上，让下属感受到你的诚意。

扫码看资料

意大利作曲家罗西尼的幽默式批评

沟通实践

人物：李总（48岁）、陈部长（36岁）

地点：总经理办公室

李总：小陈，董事会昨天研究了一下，打算调人力资源部副部长老马到你们部门任副部长，但还没有最后确定，打算征求一下你的意见。

陈部长：李总，我觉得老马不合适。他年龄太大，身体又不行，而且不熟悉业务。

李总：但我们还没有发现比老马更合适的人选。

陈部长：李总，您不要总盯着老同志，年轻人中人才有的是。

李总：（不悦）小陈，你年轻得志可不能瞧不起老同志哦。老马在公司干了20多年，不要说你们部门的副部长，就是当副总他都够格，正因为他年龄大，才给你当副手。

陈部长：李总，我们那儿是生产一线，不是敬老院。要给老马调岗，在公司里找个闲职也行。我们部门副部长管销售，累死人，把老马拖垮了我可担当不起。

李总：看来你有更合适的人选了？

陈部长：我想举荐我们部门的小张。第一，他年轻力壮，身体比老马好；第二，他做了5年销售，业务比老马熟；第三，他到公司后一直在我们部门，比老马更了解情形；第四，小张是开拓型人才。主管销售正需要小张这样的人，而老马做人事工作这么多年，比较保守……

李总：（打断，小怒）好了好了！小张的情形我不如你熟悉，可老马的情形我比你了解。

陈部长：副部长是我的助手，因此最好是我了解的人。

李总：（不耐烦）好吧！两个人都提交董事会讨论，最后由董事会决定。

（案例整理自职业核心能力认证项目试题）

在以上案例中，双方应该如何沟通才更有效?

专题三　管理文书写作

任务与目标

作为领导干部，需要通过述职述廉向群众报告工作成绩、经验、存在的问题，以及下一步工作打算。作为一般岗位的工作人员，也需要通过述职报告向上级或同事汇报自己履行岗位职责的情况。

为依法治国、依法执政、依法行政、依法办事，实现管理的制度化、规范化和科学化，确保经济和社会生活稳定、有序、协调地运行，需要制定一些规章制度，将其作为人们行为的准则。

通过本专题的学习，我们要：

（1）了解述职报告的含义、种类、特点和基本写法；

（2）了解规章制度的含义、种类和特点，掌握管理规章的基本写法。

一、述职报告的写作

（一）述职报告的含义

述职报告是指担任领导职务的干部或单位负责人，根据制度规定或工作需要，定期或不定期向选举或任命机构、上级领导机关、主管部门以及本单位的干部群众，汇报自己履行岗位职责情况和德、能、勤、绩、廉等方面情况的文种。述职报告是工作报告中的自我评述性报告，主要用于干部管理考核。

述职报告为上级组织人事部门考察和任用干部提供了比较重要的依据，有利于述职者和公务人员之间交流思想和经验，有利于群众对干部实行公开监督。

党政领导干部述职始于实施公务员制度之后。随着述职报告的广泛使用，述职报告也可用于考核各级各类工作人员履行岗位职责的情况，没有一定职务的工作人员常称其为“工作业绩报告”，这属于广义的述职报告。

（二）述职报告的种类

述职报告可以从不同的角度进行分类。按内容分类，述职报告可分为综合性述职报告、专题性述职报告和单项工作述职报告。按时间分类，述职报告可分为任期述职报告、年度述职报告和临时性述职报告。按表达形式分类，述职报告可分为口头述职报告和书面述职报告。按功用分类，述职报告可分为考核述职报告和竞聘述职报告。

（三）述职报告的特点

微课

述职报告的写法

1. 自述性

述职者在陈述自己一定时期内的履职情况时，需使用第一人称，采用自述的方式向有关方面报告自己的工作。

2. 真实性

述职者必须实事求是地报告自己所做的工作和活动，所举事例应确凿无误，切忌弄虚作假。

3. 自评性

述职者根据岗位职责，评价自己任期内在德、能、勤、绩、廉等方面的情况时，不能夸大其词，态度必须严肃认真。

4. 报告性

述职不是进行工作安排，是以被考核、接受评议和监督的身份进行述职述廉报告。因此，述职报告语言必须得体，做到礼貌、谦逊、诚恳，切不可傲慢、盛气凌人。

（四）述职报告的基本写法

述职报告一般由标题、称谓、正文和落款4部分组成。

1. 标题

述职报告的标题有多种写法，大致可分为单标题和双标题两种模式。

（1）单标题

① 只写文种名称，如《述职报告》或《我的述职报告》。

② 由时间和文种构成，如《20××—20××年述职报告》。

③ 由职务和文种构成，如《××办公室主任述职报告》。

④ 由职务、时间、文种构成，如《××大学学生处处长20××年述职报告》。

（2）双标题

双标题由正标题和副标题组成，将内容的侧重点或主旨概括为一个或多个短语作为正标题，以职务、时间和文种构成副标题，如《推进课程思政建设　深化本科教学改革——××大学教务处处长××20××年述职报告》。

2. 称谓

（1）向上级机关呈报的书面述职报告，应写明受文机关，如“××党委”“××组织部”等。

（2）向领导和本单位干部职工进行口头述职报告，则应写明称谓（称呼），如“各位代表”“同志们”“各位领导、各位代表”。

（3）用于公示的述职报告，可以不写称谓。

3. 正文

述职报告的正文一般包括前言、主体和结尾3部分。

（1）前言。前言一般包括3方面内容：一是任职情况，包括任职时间、担任职务以及变动情况等；二是岗位职责和考核期内的目标任务；三是对任职期间的履职情况的自评。

（2）主体。主体部分是述职报告的核心内容，是考核评议的主要依据，主要写工作思路、工作业绩、经验体会、问题及教训，以及今后的努力方向、目标或打算。用于考核的述职报告，应当侧重陈述工作业绩、总结经验教训；而用于竞聘的述职报告，需重点写原岗位的工作思路、对于竞聘岗位的初步设想，向组织部门或选聘单位展示自己的工作能力和领导能力。

主体部分的写法大致有以下3种。

① 内容分类集中式。采用这种写法的述职报告一般包括主要工作、工作思路、成绩效益、经验教训、存在的问题及下一步工作打算等内容。

② 工作项目归类式。这种写法即把自己所做的工作按性质加以分类，如教学、科研、行政、宣传等，一类作为一个层次，依次陈述。自己主持开展的工作和协助别人开展的工作要分开写；对自己取得突出成绩的工作以及有创造性、开拓性进展的工作要重点写；对一般性、日常事务性的工作要简略写。

③ 时间发展顺序式。这种写法即把任期内的工作情况按时间先后顺序分成几个阶段来写。这种写法在任期述职报告中经常应用，因为任期较长、涉及面广，所做的工作和存在的问题较多，这样写便于归纳总结，以展现工作的全貌。

（3）结尾。用“专此述职”“以上报告，请审阅”“特此报告，请审查”“以上报告，请领导和同志们批评指正”等语句作结。必要时，可以安排一个专门的结尾放在落款之前。

4. 落款

在结尾之后署名、署时，述职者姓名也可居中置于标题之下。

述职报告的写作要求

（1）内容客观，自评得当。述职报告的内容要客观真实，自评须实事求是、客观公正、全面准确，同时要处理好个人与集体的关系，处理好成绩与问题的关系。

（2）重点突出，针对性强。围绕自身工作岗位职责范围和工作目标分析概括，不能写成事无巨细的流水账。既要突出成绩，又要评价适当，不能故意夸大或缩小。查找问题和不足，要直击痛点、堵点，提出的下一步工作设想要有针对性。

（3）定位准确，语言得体。根据岗位准确定位角色，分清报告场合和形式。若是书面述职报告，则需使语言表达书面化；若是口头述职报告，则需注意语言的口语化。

二、规章制度的写作

（一）规章制度的含义

规章制度类文书，又叫规约文书。所谓规章制度，就是党政机关、企事业单位、社会团体为了维护正常的工作、劳动、学习和生活的秩序，依据国家的方针、政策，在一定范围内制定的一种具有法规性和约束力，要求有关人员必须共同遵守的事务文书。

（二）规章制度的种类

规章制度的种类较多，有法规、规章和管理规章。

法规是国务院和省、自治区、直辖市及法定的有关市的人民代表大会及其常务委员会为领导和管理各项行政工作的需要，根据宪法、法律和有关规定，按照法定程序制定发布的，具有法律强制执行效力的规范性文件的总称。

规章是为执行法律、法规的需要，在本部门、本行政区域的权限范围内，依照《规章制定程序条例》制定的规范性文件。它也被称为行政规章，包括国务院各部门制定的部门规章和地方政府制定的地方规章。

管理规章是党政机关、社会团体、企事业单位为实施管理和规范工作、行为的需要，在其职权范围内制定发布的，具有行政效力的文件的总称。

（三）规章制度的特点

1. 作用的约束性

各类法规、规章、管理规章对一定范围的有关方面、有关人员分别具有法律的，或者行政的、组织的、纪律的，或者道德的约束性和执行效力，有关方面、有关人员必须遵照执行；否则就会分别受到法律的、行政的、纪律的处罚或处分。

2. 内容的严密性

法规、规章、管理规章的内容都必须十分清楚、明确。提倡什么、禁止什么、应该怎么办、不该怎么办、办好如何奖励、违反如何处理，甚至由谁办、何时办，都必须表述得十分周密、无懈可击，不能有任何语义模糊之处。

3. 格式的规范性

法规、规章、管理规章的写作格式规范成型，它们通常采用条文式的主体结构，将有关规定、要求分层次、分条列项地写出，逻辑严密。

4. 运行的依附性

法规、规章、管理规章一般不直接颁发，通常依附“命令（令）”“公告”“通知”发布，具有运行的依附性。

（四）管理规章的基本写法

管理规章的文种较多，如规定、办法、章程、守则、规则、准则、细则、规程、制度、公约等。下面介绍几种常用管理规章的基本写法。

1. 规定及其写法

（1）规定的含义。规定是规范性公文中使用频率最高、使用范围最广的文种。它是党政机关、企事业单位、社会团体等针对特定范围内的工作和事务或专门问题制定的要求和规范，是一种具有强制性和约束力的法规性文件。

（2）规定的写法。规定一般由标题、正文和结尾等部分构成。

标题多采用“制定单位+规定内容+规定”形式，如《××大学交通安全管理规定》。有些规定的制定单位不写在标题中，写在落款处，如《关于出版物上数字用法的试行规定》。

正文一般用“序言+条款”的格式。序言部分简述规定的目的或依据，常用“为了……特制定本规定”或“为了……根据……特制定本规定”的格式行文。条款部分是规定的核心内容，规定的要求、使用范围及实施办法要写得细致具体。

结尾部分可以写上制定单位、公布日期。

2. 办法及其写法

（1）办法的含义。办法是党政机关、企事业单位、社会团体等针对某项工作或某一方面的活动制定的具体要求与规范。办法是一种具有强制性和约束力的规定性文件，与条例、规定相比，它所规定的内容更具体，有些办法就是根据相关条例、规定中的某些条款制定的，更具操作性。

（2）办法的写法。办法一般由标题、正文和结尾等部分构成。

标题采用“制定单位+办法内容+办法”形式，如《××大学所属企业国有资产管理办法》。

正文一般有3种格式：完整格式，即由总则、分则、附则3部分组成；完整格式的简化形式，即由序言、条款两部分组成；简单格式，即条排式。

正文包括两部分内容。①制定办法的目的、依据。这部分常常作为第一条，或以序言的形式出现。②办法内容。这部分按先主要后次要、先原则后具体、先直接后间接、先做什么后做什么等顺序安排内容，着重写明应该怎么做，包括实施意见、落实措施、办理方式方法等内容。它常使用说明十分具体、周密、细致的陈述句式。

结尾部分一般写明施行日期及要求等，既可在附则中说明，也可作为正文的最后一条或几条，还可用结束语的形式表达。

3. 制度及其写法

（1）制度的含义。制度是党政机关、企事业单位、社会团体等为加强某一部门工作的管理和严格组织纪律而制定的要求有关人员共同遵守的规定性公文，如工作制度、财务制度、作息制度、保密制度、教学制度、卫生安全制度等。

（2）制度的写法。制度包括标题、正文、结尾3部分。

标题由制定单位、工作内容、文种3部分组成，如《××大学××学院值班制度》。有些制度标题中不写制定单位，而将它写在落款处。

正文常采用条文格式，把制度内容分条款逐一写出。写具体条文前可以加一小段引言，用于简要、概括地说明制定这项制度的根据、原因、目的等。接着逐条写出各项内容。单位内部的制度也可以不写引言，直接写条文。条文最后写明此项制度从何日起执行。若是上墙制度，还要注意文字精练。

结尾部分可以写上制定单位、公布日期，自然结束。

规章制度的写作要求

（1）合法求实。在撰写规章制度时，应注意方针政策与实际情况的结合，要突出政策界限，要有针对性。内容不能与法规、政令相抵触，要与有关方面的规定协调一致，力戒政出多门。

（2）逻辑严密。规章制度的内容顺序通常为先总后分，先原则后具体，先一般后特殊，从主要到次要，从正面要求到反面禁止，从奖励到惩处。

（3）明确肯定。规章制度的内容要明确、具体，切忌笼统抽象、概念模糊、词不达意。常以“要”“应该（应）”“必须”“可以”“不得”“禁止”“反对”等词语表明鲜明的态度。

（4）结构严谨。结构层次分明，条文内容单一、完整，简明实用，力戒烦琐重复，互不交叉、包蕴，条文排列合乎逻辑、严谨有序。

（5）发扬民主。应听取有关部门和群众的意见，必要时应向有关专家学者、实际工作者咨询，进行可行性论证，以保证撰制的规章制度真正成为群众的行动准则、行为规范，而不致成为一纸空文。

（6）相对稳定。规章制度一旦制定，一方面要保持相对稳定，使群众理解、掌握、贯彻执行；另一方面，现实生活不断变化，群众觉悟不断提高，有的规章制度可能过时了，或者群众加深了认识，因此又必须经常检查总结，适时修订，不断充实、修改，否则就难以适应生产和群众的要求。如果上位规章制度进行了修订，那么下位规章制度也要及时进行相应的修订。

写作实践

请结合学生宿舍实际，制定一份学生宿舍消防安全管理制度。

附录　党政机关公文格式

党政机关公文格式

为提高党政机关公文的规范化、标准化水平，2012年6月29日，国家质量监督检验检疫总局（现国家市场监督管理总局）、国家标准化管理委员会发布了《党政机关公文格式》国家标准（GB/T 9704—2012）。该标准于2012年7月1日起正式实施。此标准是对国标《国家行政机关公文格式》（GB/T 9704—1999）的修订。

前　言

本标准按照GB/T 1.1—2009给出的规则起草。

本标准根据中共中央办公厅、国务院办公厅印发的《党政机关公文处理工作条例》的有关规定对GB/T 9704—1999《国家行政机关公文格式》进行修订。本标准相对GB/T 9704—1999主要作如下修订：

a）标准名称改为《党政机关公文格式》，标准英文名称也作相应修改；

b）适用范围扩展到各级党政机关制发的公文；

c）对标准结构进行适当调整；

d）对公文装订要求进行适当调整；

e）增加发文机关署名和页码两个公文格式要素，删除主题词格式要素，并对公文格式各要素的编排进行较大调整；

f）进一步细化特定格式公文的编排要求；

g）新增联合行文公文首页版式、信函格式首页、命令（令）格式首页版式等式样。

本标准中公文用语与《党政机关公文处理工作条例》中的用语一致。

本标准为第二次修订。

本标准由中共中央办公厅和国务院办公厅提出。

本标准由中国标准化研究院归口。

本标准起草单位：中国标准化研究院、中共中央办公厅秘书局、国务院办公厅秘书局、中国标准出版社。

本标准主要起草人：房庆、杨雯、郭道锋、孙维、马慧、张书杰、徐成华、范一乔、李玲。

本标准代替了GB/T 9704—1999。

GB/T 9704—1999的历次版本发布情况为：

——GB/T 9704—1988。

党政机关公文格式

1 范围

本标准规定了党政机关公文通用的纸张要求、排版和印制装订要求、公文格式各要素的编排规则，并给出了公文的式样。

本标准适用于各级党政机关制发的公文。其他机关和单位的公文可以参照执行。

使用少数民族文字印制的公文，其用纸、幅面尺寸及版面、印制等要求按照本标准执行，其余可以参照本标准并按照有关规定执行。

2 规范性引用文件

下列文件对于本标准的应用是必不可少的。凡是注日期的引用文件，仅所注日期的版本适用于本标准。凡是不注日期的引用文件，其最新版本（包括所有的修改单）适用于本标准。

GB/T 148 印刷、书写和绘图纸幅面尺寸

GB 3100 国际单位制及其应用

GB 3101 有关量、单位和符号的一般原则

GB 3102（所有部分）量和单位

GB/T 15834 标点符号用法

GB/T 15835 出版物上数字用法

3 术语和定义

下列术语和定义适用于本标准。

3.1 字 word

标示公文中横向距离的长度单位。在本标准中，一字指一个汉字宽度的距离。

3.2 行 line

标示公文中纵向距离的长度单位。在本标准中，一行指一个汉字的高度加3号汉字高度的7/8的距离。

4 公文用纸主要技术指标

公文用纸一般使用纸张定量为60g/m^2 ～ 80g/m^{2}的胶版印刷纸或复印纸。纸张白度80% ～ 90%，横向耐折度≥15次，不透明度≥85%，pH值为7.5 ～ 9.5。

5 公文用纸幅面尺寸及版面要求

5.1 幅面尺寸

公文用纸采用GB/T 148中规定的A4型纸，其成品幅面尺寸为：210 mm × 297 mm。

5.2 版面

5.2.1 页边与版心尺寸

公文用纸天头（上白边）为37 mm ± 1 mm，公文用纸订口（左白边）为28mm ± 1mm，版心尺寸为156 mm × 225 mm。

5.2.2　字体和字号

如无特殊说明，公文格式各要素一般用3号仿宋体字。特定情况可以作适当调整。

5.2.3　行数和字数

一般每面排22行，每行排28个字，并撑满版心。特定情况可以作适当调整。

5.2.4　文字的颜色

如无特殊说明，公文中文字的颜色均为黑色。

6　印制装订要求

6.1　制版要求

版面干净无底灰，字迹清楚无断划，尺寸标准，版心不斜，误差不超过1mm。

6.2　印刷要求

双面印刷；页码套正，两面误差不超过2mm。黑色油墨应当达到色谱所标BL100%，红色油墨应当达到色谱所标Y80%、M80%。印品着墨实、均匀；字面不花、不白、无断划。

6.3　装订要求

公文应当左侧装订，不掉页，两页页码之间误差不超过4mm，裁切后的成品尺寸允许误差 ±2mm，四角成90° ，无毛茬或缺损。

骑马订或平订的公文应当：

a）订位为两钉外订眼距版面上下边缘各70mm处，允许误差 ±4mm；

b）无坏钉、漏钉、重钉，钉脚平伏牢固；

c）骑马订钉锯均订在折缝线上，平订钉锯与书脊间的距离为3mm ～ 5mm。

包本装订公文的封皮（封面、书脊、封底）与书芯应吻合、包紧、包平、不脱落。

7　公文格式各要素编排规则

7.1　公文格式各要素的划分

本标准将版心内的公文格式各要素划分为版头、主体、版记三部分。公文首页红色分隔线以上的部分称为版头；公文首页红色分隔线（不含）以下、公文末页首条分隔线（不含）以上的部分称为主体；公文末页首条分隔线以下、末条分隔线以上的部分称为版记。

页码位于版心外。

7.2　版头

7.2.1　份号

如需标注份号，一般用6位3号阿拉伯数字，顶格编排在版心左上角第一行。

7.2.2　密级和保密期限

如需标注密级和保密期限，一般用3号黑体字，顶格编排在版心左上角第二行；保密期限中的数字用阿拉伯数字标注。

7.2.3　紧急程度

如需标注紧急程度，一般用3号黑体字，顶格编排在版心左上角；如需同时标注份号、密级和保密期限、紧急程度，按照份号、密级和保密期限、紧急程度的顺序自上而下分行排列。

7.2.4　发文机关标志

由发文机关全称或者规范化简称加“文件”二字组成，也可以使用发文机关全称或者规范化简称。

发文机关标志居中排布，上边缘至版心上边缘为35mm，推荐使用小标宋体字，颜色为红色，以醒目、美观、庄重为原则。

联合行文时，如需同时标注联署发文机关名称，一般应当将主办机关名称排列在前；如有“文件”二字，应当置于发文机关名称右侧，以联署发文机关名称为准上下居中排布。

7.2.5 发文字号

编排在发文机关标志下空二行位置，居中排布。年份、发文顺序号用阿拉伯数字标注；年份应标全称，用六角括号“〔 〕”括入；发文顺序号不加“第”字，不编虚位（即1不编为01），在阿拉伯数字后加“号”字。

上行文的发文字号居左空一字编排，与最后一个签发人姓名处在同一行。

7.2.6 签发人

由“签发人”三字加全角冒号和签发人姓名组成，居右空一字，编排在发文机关标志下空二行位置。“签发人”三字用3号仿宋体字，签发人姓名用3号楷体字。

如有多个签发人，签发人姓名按照发文机关的排列顺序从左到右、自上而下依次均匀编排，一般每行排两个姓名，回行时与上一行第一个签发人姓名对齐。

7.2.7 版头中的分隔线

发文字号之下4 mm处居中印一条与版心等宽的红色分隔线。

7.3 主体

7.3.1 标题

一般用2号小标宋体字，编排于红色分隔线下空二行位置，分一行或多行居中排布；回行时，要做到词意完整，排列对称，长短适宜，间距恰当，标题排列应当使用梯形或菱形。

7.3.2 主送机关

编排于标题下空一行位置，居左顶格，回行时仍顶格，最后一个机关名称后标全角冒号。如主送机关名称过多导致公文首页不能显示正文时，应当将主送机关名称移至版记，标注方法见7.4.2。

7.3.3 正文

公文首页必须显示正文。一般用3号仿宋体字，编排于主送机关名称下一行，每个自然段左空二字，回行顶格。文中结构层次序数依次可以用“一、”“（一）”“1.”“（1）”标注；一般第一层用黑体字、第二层用楷体字、第三层和第四层用仿宋体字标注。

7.3.4 附件说明

如有附件，在正文下空一行左空二字编排“附件”二字，后标全角冒号和附件名称。如有多个附件，使用阿拉伯数字标注附件顺序号（如“附件：1. ××××××”）；附件名称后不加标点符号。附件名称较长需回行时，应当与上一行附件名称的首字对齐。

7.3.5 发文机关署名、成文日期和印章

7.3.5.1 加盖印章的公文

成文日期一般右空四字编排，印章用红色，不得出现空白印章。

单一机关行文时，一般在成文日期之上、以成文日期为准居中编排发文机关署名，印章

端正、居中下压发文机关署名和成文日期，使发文机关署名和成文日期居印章中心偏下位置，印章顶端应当上距正文（或附件说明）一行之内。

联合行文时，一般将各发文机关署名按照发文机关顺序整齐排列在相应位置，并将印章一一对应、端正、居中下压发文机关署名，最后一个印章端正、居中下压发文机关署名和成文日期，印章之间排列整齐、互不相交或相切，每排印章两端不得超出版心，首排印章顶端应当上距正文（或附件说明）一行之内。

7.3.5.2　不加盖印章的公文

单一机关行文时，在正文（或附件说明）下空一行右空二字编排发文机关署名，在发文机关署名下一行编排成文日期，首字比发文机关署名首字右移二字，如成文日期长于发文机关署名，应当使成文日期右空二字编排，并相应增加发文机关署名右空字数。

联合行文时，应当先编排主办机关署名，其余发文机关署名依次向下编排。

7.3.5.3　加盖签发人签名章的公文

单一机关制发的公文加盖签发人签名章时，在正文（或附件说明）下空二行右空四字加盖签发人签名章，签名章左空二字标注签发人职务，以签名章为准上下居中排布。在签发人签名章下空一行右空四字编排成文日期。

联合行文时，应当先编排主办机关签发人职务、签名章，其余机关签发人职务、签名章依次向下编排，与主办机关签发人职务、签名章上下对齐；每行只编排一个机关的签发人职务、签名章；签发人职务应当标注全称。

签名章一般用红色。

7.3.5.4　成文日期中的数字

用阿拉伯数字将年、月、日标全，年份应标全称，月、日不编虚位（即1不编为01）。

7.3.5.5　特殊情况说明

当公文排版后所剩空白处不能容下印章或签发人签名章、成文日期时，可以采取调整行距、字距的措施解决。

7.3.6　附注

如有附注，居左空二字加圆括号编排在成文日期下一行。

7.3.7　附件

附件应当另面编排，并在版记之前，与公文正文一起装订。“附件”二字及附件顺序号用3号黑体字顶格编排在版心左上角第一行。附件标题居中编排在版心第三行。附件顺序号和附件标题应当与附件说明的表述一致。附件格式要求同正文。

如附件与正文不能一起装订，应当在附件左上角第一行顶格编排公文的发文字号并在其后标注“附件”二字及附件顺序号。

7.4　版记

7.4.1　版记中的分隔线

版记中的分隔线与版心等宽，首条分隔线和末条分隔线用粗线（推荐高度为0.35mm），中间的分隔线用细线（推荐高度为0.25mm）。首条分隔线位于版记中第一个要素之上，末条分隔线与公文最后一面的版心下边缘重合。

7.4.2 抄送机关

如有抄送机关，一般用4号仿宋体字，在印发机关和印发日期之上一行、左右各空一字编排。“抄送”二字后加全角冒号和抄送机关名称，回行时与冒号后的首字对齐，最后一个抄送机关名称后标句号。

如需把主送机关移至版记，除将“抄送”二字改为“主送”外，编排方法同抄送机关。既有主送机关又有抄送机关时，应当将主送机关置于抄送机关之上一行，之间不加分隔线。

7.4.3 印发机关和印发日期

印发机关和印发日期一般用4号仿宋体字，编排在末条分隔线之上，印发机关左空一字，印发日期右空一字，用阿拉伯数字将年、月、日标全，年份应标全称，月、日不编虚位（即1不编为01），后加“印发”二字。

版记中如有其他要素，应当将其与印发机关和印发日期用一条细分隔线隔开。

7.5 页码

一般用4号半角宋体阿拉伯数字，编排在公文版心下边缘之下，数字左右各放一条一字线；一字线上距版心下边缘7mm。单页码居右空一字，双页码居左空一字。公文的版记页前有空白页的，空白页和版记页均不编排页码。公文的附件与正文一起装订时，页码应当连续编排。

8 公文中的横排表格

A4纸型的表格横排时，页码位置与公文其他页码保持一致，单页码表头在订口一边，双页码表头在切口一边。

9 公文中计量单位、标点符号和数字的用法

公文中计量单位的用法应当符合GB 3100、GB 3101和GB 3102（所有部分），标点符号的用法应当符合GB/T 15834，数字用法应当符合GB/T 15835。

10 公文的特定格式

10.1 信函格式

发文机关标志使用发文机关全称或者规范化简称，居中排布，上边缘至上页边为30mm，推荐使用红色小标宋体字。联合行文时，使用主办机关标志。

发文机关标志下4mm处印一条红色双线（上粗下细），距下页边20mm处印一条红色双线（上细下粗），线长均为170mm，居中排布。

如需标注份号、密级和保密期限、紧急程度，应当顶格居版心左边缘编排在第一条红色双线下，按照份号、密级和保密期限、紧急程度的顺序自上而下分行排列，第一个要素与该线的距离为3号汉字高度的7/8。

发文字号顶格居版心右边缘编排在第一条红色双线下，与该线的距离为3号汉字高度的7/8。

标题居中编排，与其上最后一个要素相距二行。

第二条红色双线上一行如有文字，与该线的距离为3号汉字高度的7/8。

首页不显示页码。

版记不加印发机关和印发日期、分隔线，位于公文最后一面版心内最下方。

10.2 命令（令）格式

发文机关标志由发文机关全称加“命令”或“令”字组成，居中排布，上边缘至版心上边缘为20mm，推荐使用红色小标宋体字。

发文机关标志下空二行居中编排令号，令号下空二行编排正文。

签发人职务、签名章和成文日期的编排见7.3.5.3。

10.3 纪要格式

纪要标志由“×××××纪要”组成，居中排布，上边缘至版心上边缘为35mm，推荐使用红色小标宋体字。

标注出席人员名单，一般用3号黑体字，在正文或附件说明下空一行左空二字编排“出席”二字，后标全角冒号，冒号后用3号仿宋体字标注出席人单位、姓名，回行时与冒号后的首字对齐。

标注请假和列席人员名单，除依次另起一行并将“出席”二字改为“请假”或“列席”外，编排方法同出席人员名单。

纪要格式可以根据实际制定。

11 式样

A4型公文用纸页边及版心尺寸见图1；公文首页版式见图2；联合行文公文首页版式1见图3；联合行文公文首页版式2见图4；公文末页版式1见图5；公文末页版式2见图6；联合行文公文末页版式1见图7；联合行文公文末页版式2见图8；附件说明页版式见图9；带附件公文末页版式见图10；信函格式首页版式见图11；命令（令）格式首页版式见图12。

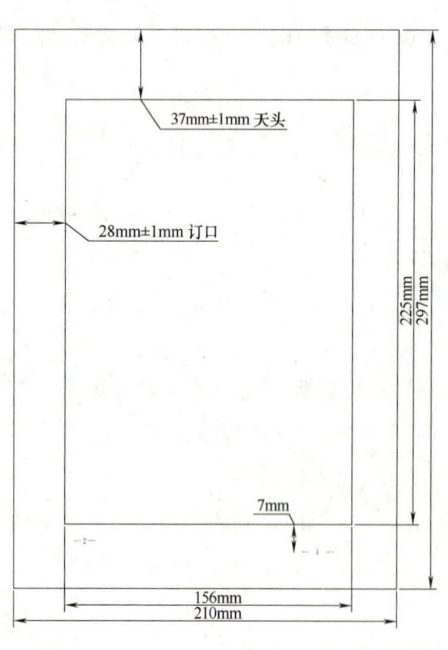

图1　A4型公文用纸页边及版心尺寸

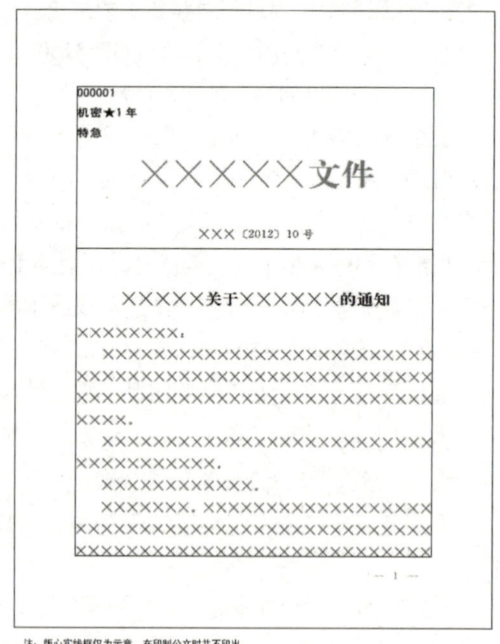

图2　公文首页版式

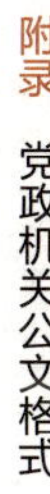

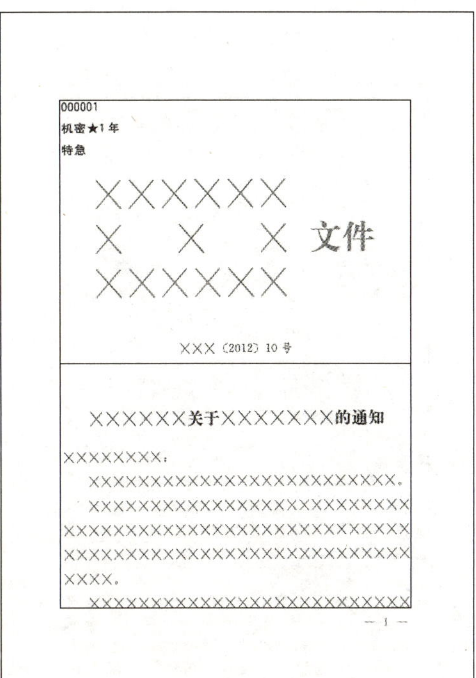

注：版心实线框仅为示意，在印制公文时并不印出。

图3　联合行文公文首页版式1

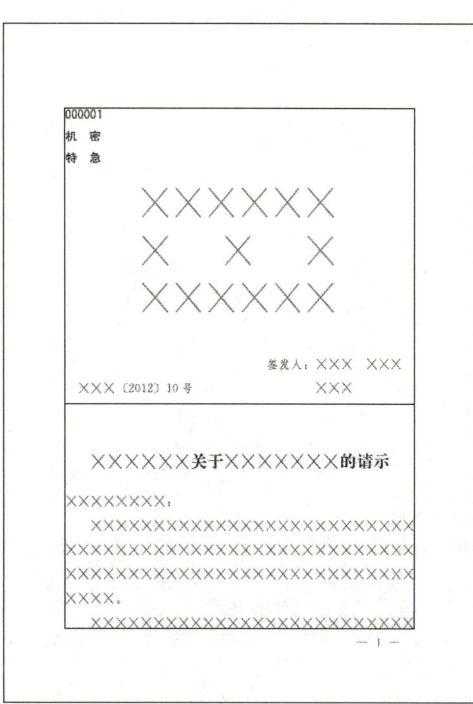

注：版心实线框仅为示意，在印制公文时并不印出。

图4　联合行文公文首页版式2

注：版心实线框仅为示意，在印制公文时并不印出。

图5　公文末页版式1

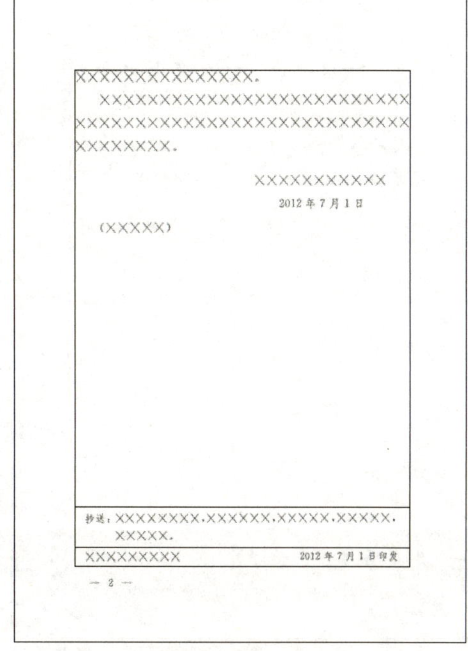

注：版心实线框仅为示意，在印制公文时并不印出。

图6　公文末页版式2

注：版心实线框仅为示意，在印制公文时并不印出。

图7　联合行文公文末页版式1

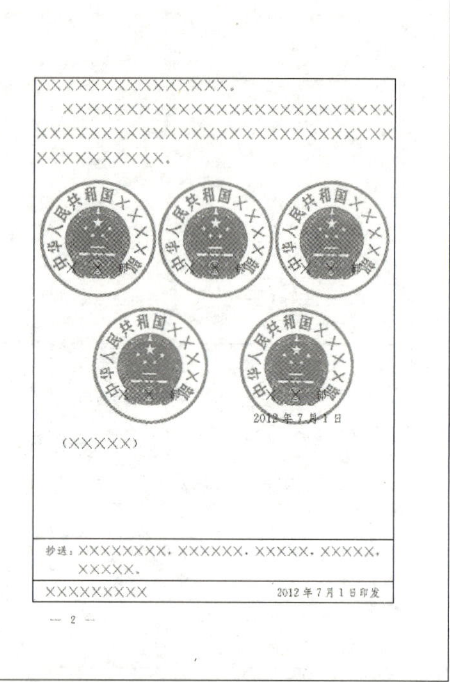

注：版心实线框仅为示意，在印制公文时并不印出。

图8　联合行文公文末页版式2

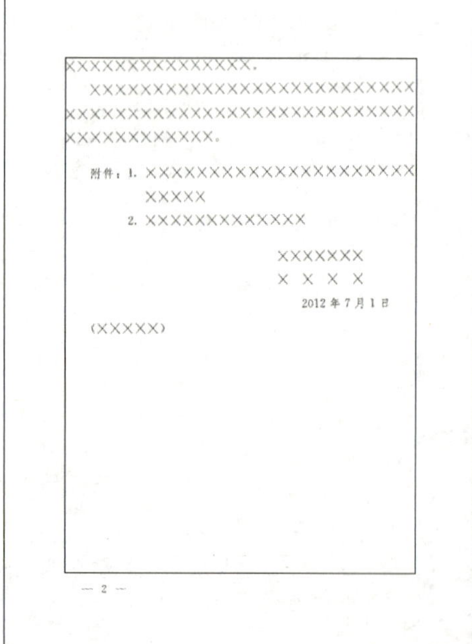

注：版心实线框仅为示意，在印制公文时并不印出。

图9　附件说明页版式

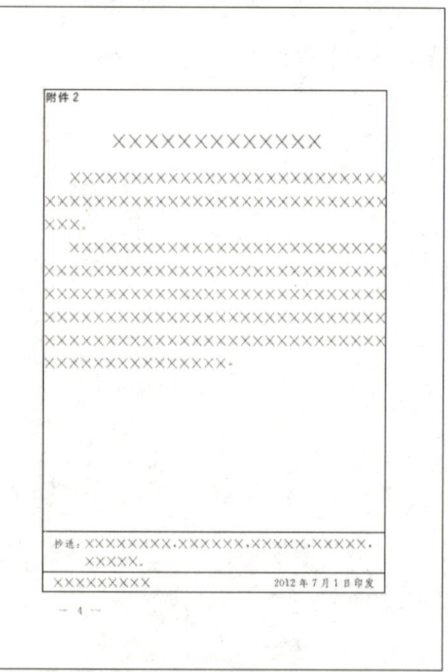

注：版心实线框仅为示意，在印制公文时并不印出。

图10　带附件公文末页版式

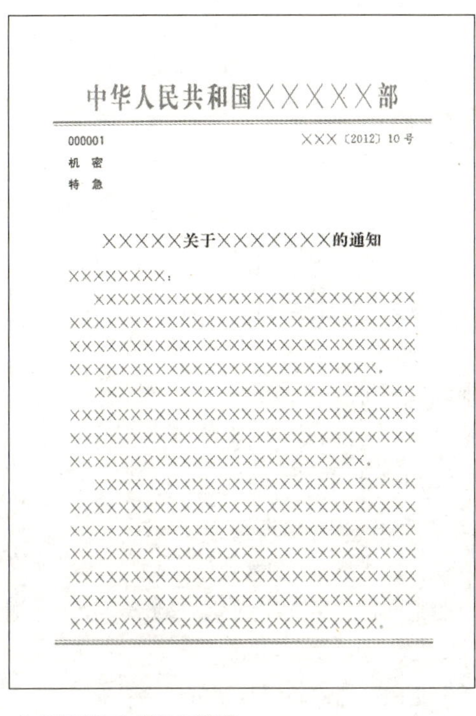

中华人民共和国×××××部

000001　　　　　　　　　　　　×××〔2012〕10号

机　密

特　急

×××××关于×××××××的通知

××××××××：

　　××××××××××××××××××××××××××
××××××××××××××××××××××××××××
××××××××××××××××××××××××××××
×××××××××××××××××××××××××。

　　××××××××××××××××××××××××××
××××××××××××××××××××××××××××
××××××××××××××××××××××××××××
××××××××××××××××××××××××。

　　××××××××××××××××××××××××××
××××××××××××××××××××××××××××
××××××××××××××××××××××××××××
××××××××××××××××××××××××××××
××××××××××××××××××××××××××××
××××××××××××××××××××××××××××
×××××××××××××××××××××××××。

注：版心实线框仅为示意，在印制公文时并不印出。

图11　信函格式首页版式

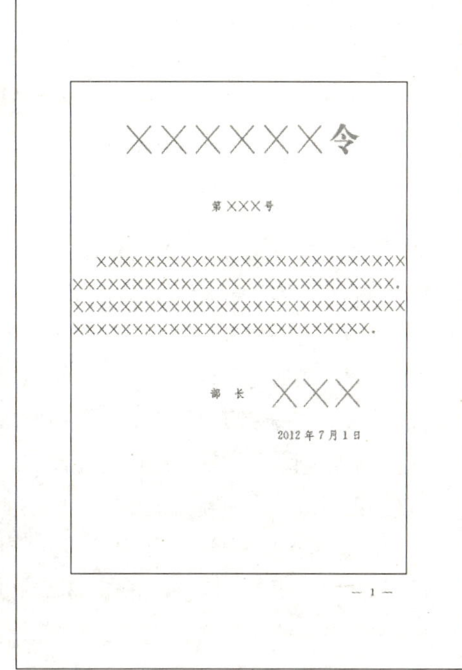

××××××令

第×××号

　　××××××××××××××××××××××××××
×××××××××××××××××××××××××××。
××××××××××××××××××××××××××××
×××××××××××××××××××××××××。

部　长　×××

2012年7月1日

— 1 —

注：版心实线框仅为示意，在印制公文时并不印出。

图12　命令（令）格式首页版式

参考文献

[1] 曹丽娟. 应用写作[M]. 3版. 成都：四川人民出版社，2017.
[2] 陈承欢. 财经应用文：写作技巧 范例模板 实战训练[M]. 北京：人民邮电出版社，2019.
[3] 杜蓉. 实用沟通与写作[M]. 北京：机械工业出版社，2009.
[4] 耿云巧，马俊霞. 现代应用文写作[M]. 北京：清华大学出版社，2007.
[5] 刘砺，荆素芳，扶齐. 商务礼仪实务教程[M]. 北京：机械工业出版社，2015.
[6] 刘艳春. 语言交际概论[M]. 北京：北京大学出版社，2007.
[7] 吕行. 言语沟通学概论[M]. 北京：清华大学出版社，2009.
[8] 马志强. 语言交际艺术[M]. 2版. 北京：中国社会科学出版社，2009.
[9] 茅海燕. 公关言语表达学[M]. 苏州：苏州大学出版社，2008.
[10] 卢卡斯. 演讲的艺术[M]. 顾秋蓓，译. 北京：外语教学与研究出版社，2014.
[11] 孙立湘. 实用写作与口才[M]. 2版. 北京：机械工业出版社，2004.
[12] 孙秀秋，吴锡山. 应用写作教程[M]. 3版. 北京：中国人民大学出版社，2013.
[13] 唐铮. 新媒体新闻写作、编辑与传播[M]. 北京：人民邮电出版社，2020.
[14] 王用源. 沟通与写作：应用文写作技能与规范[M]. 北京：人民邮电出版社，2019.
[15] 王用源. 沟通与写作：语言表达与沟通技能 [M]. 北京：人民邮电出版社，2020.
[16] 王用源. 写作与沟通：慕课版[M]. 北京：人民邮电出版社，2021.
[17] 吴婕. 有效沟通与实用写作教程[M]. 北京：中国人民大学出版社，2011.
[18] 夏晓鸣. 应用文写作[M]. 4版.上海：复旦大学出版社，2012.
[19] 张波. 口才与交际[M]. 北京：机械工业出版社，2008.
[20] 张振刚，李云健. 管理沟通：理念、方法与技能[M]. 北京：机械工业出版社，2014.
[21] 周希希. 演讲与口才[M]. 北京：中国致公出版社，2016.
[22] 李荣建. 中国优秀礼仪文化[M]. 南京：江苏人民出版社，2015.
[23] 方志宏. 礼仪文化概论[M]. 南京：东南大学出版社，2014.
[24] 周赟. 中国古代礼仪文化[M]. 北京：中华书局，2019.
[25] 汤媛，傅琼. 中国传统礼仪文化的精神内涵及当代价值[J]. 江苏第二师范学院学报，2019(5)：54-58.
[26] 林友华. 商务礼仪[M]. 北京：北京大学出版社，2012.
[27] 付红梅. 现代礼仪大全[M]. 北京：中国华侨出版社，2007.
[28] 彭林. 中国礼仪要义[M]. 南京：南京大学出版社，2014.